钥匙 THE KEY

TO LOGIC'S COGNITION AND ENLIGHTENMENT

逻辑认知与启蒙

邬晓珺　邬晓瓅　著

广州新华出版发行集团
广州出版社
GUANGZHOU PRESS

图书在版编目（CIP）数据

钥匙 : 逻辑认知与启蒙 / 邬晓珺，邬晓瓅著. 广州 : 广州出版社，2024. 12. -- ISBN 978-7-5462-3788-6

Ⅰ. B804. 1-49

中国国家版本馆 CIP 数据核字第 2024NE4574 号

出 版 人　柳宗慧
书　　名　钥匙：逻辑认知与启蒙
　　　　　Yaoshi: Luoji Renzhi Yu Qimeng
出版发行　广州出版社
　　　　　（地址：广州市天河区天润路 87 号 9 楼、10 楼　邮政编码：510635
　　　　　网址：www.gzcbs.com.cn）
责任编辑　区力文　张　苹
责任校对　握瑾怀瑜
装帧设计　林舒巧
印刷单位　广州市快美印务有限公司
　　　　　（地址：广州市白云区广从五路 410 号　　邮政编码：510545）
规　　格　787 毫米 × 1092 毫米　1/16
印　　张　16.25
字　　数　280 千
版　　次　2024 年 12 月第 1 版
印　　次　2024 年 12 月第 1 次
书　　号　ISBN 978 – 7 – 5462 – 3788–6
定　　价　128.00 元

前 言

思维，是脑力运动过程。每当思考问题时，人类大脑的潜意识都会产生一组思维“步骤”，这组步骤引导脑力：先思考什么，再思考什么；接着，大脑的潜意识也会产生一组思维“指令”，这组指令引导脑力：要针对什么方向，要采用什么方法。

这些由潜意识产生的思维“步骤 + 指令”构成了人类思考问题的思维习惯。思维习惯不同，思维的“步骤 + 指令”就会有所不同，导致思维质量和思维效果自然也有所不同。由此可知，人的思维习惯，是造成每个人具有不同思维能力和学习能力的根源。

《钥匙：逻辑认知与启蒙》（简称《钥匙》）是逻辑启蒙的工具。其理论，能提高家长、读者对逻辑、思路等方面的认知；其启蒙，采用逻辑思维流程，通过建立学员逻辑思维的“步骤 + 指令”，达到端正思维习惯、消除思维短板、提升思维竞争力的目的。

《钥匙》创作团队

聪明与勤奋

那些被认为有小聪明的青少年，不见得学习竞争力都特别强，原因真的是不够勤奋用功吗？已经很勤奋用功的青少年，也不见得学习成绩都特别好，原因真的是没有别人聪明吗？

“小聪明”仅代表大脑比较活跃，而思维竞争力需要的是逻辑思路；“很勤奋”仅代表学习态度认真，而好成绩需要的是学习能力。**逻辑思路，重点在思维规则；学习能力，体现在脑力延伸。**

同样的老师、同样的教材、同样的努力，为什么只有少部分同学能成为学霸呢？学霸有逻辑思路，也有学习能力，学霸的这些学习“霸气”，究竟是从哪里来的，或者是怎样形成的呢？

事实上，学霸这些学习“霸气”的形成，理论上并不复杂：第一，要懂得把学到的套路集成，自主升华成为逻辑思路；第二，要懂得把逻辑思路应用到实践中，将之转化成为学习能力。

现实中，**担心无法自主升华出逻辑思路，怎么办？**为此，团队创作《钥匙》这款工具，用逻辑思维流程帮助学员建立逻辑思维规则；用难题辅助学员消除思维短板，拓展思维延伸能力和提升思维技巧。

套路与思路

在小升初、中考、高考等具有强竞争性的考试中，拉开成绩的不会是套路题，而是思路题。只有思路题才能真实、有效地鉴别出考生思维竞争力包括想象力、应变力及创新力的强弱。

先提一个问题：为什么太阳从东方升起呢？思考一下。

大部分人回答：地球自转由西向东，太阳是东升西落。

少部分人回答：是古人，把太阳升起的方向称为东方。

两个回答体现两种思维模式。前者是套路思维特征：循规蹈矩，按部就班；后者是思路思维特征：深中肯綮，别具一格。两者比较，思路思维明显有更多维度，更有敏锐性及延伸力。

事实上，掌握逻辑思路，思考问题时脑力遵循一套严谨、精准引导的逻辑思维规则进行有序运动，以逻辑思路作为学习思路，学习过程自然接受能力强，考试过程必然应变能力强。

现实中，玉不琢不成器，怎样琢呢？用什么琢呢？《钥匙》设计的挑战题、实战题，重点锤炼“寻找逻辑关系”的数学能力，小程序上的逻辑题，重点操练“构建逻辑关系”的写作能力。

以观念带动行为

行为养成习惯，习惯生出兴趣

兴趣导致性格，性格决定命运

人生四部曲：受人喜欢、受人尊重、受人信任、受人追随。受人喜欢来自本性或克制，受人尊重要有值得尊重的优势，受人信任要有值得信任的经历，受人追随要有值得追随的前景。奋进难，难在志要坚；读书难，难在正思路：善两者，事竟成。

《钥匙》的理论认知部分

帮助家长、读者在提高学子读书能力方面，树立“知其然，更知其所以然”的理论认知，促成以观念带动精教优育的行为。

《钥匙》的 50 周逻辑启蒙训练部分

用 50 组启蒙题，启发、塑造学子的学习能力，训练其逻辑思维模型，帮助其养成用逻辑思路思考问题的思维习惯。

目录

理论认知

精教＋优育　家长有认知，孩子得机会

50 周逻辑启蒙训练

挑战 + 实战　以规则的不变，应对问题的万变

理论认知

精教＋优育

家长有认知，孩子有机会

认识：综合竞争力

什么是综合竞争力的“力”

能力不分彼此，每个人都有。人们将那些体现一个人内、外本质的、标志性的能力汇总并加以量化，以此作为衡量综合能力的标杆，这就产生了“综合竞争力”。“力”的划分和归类，源自顶级名校的招生标准。

综合竞争力通常分为两类，一类是“行为能力（behavioral ability）”，因为体现“显性”，所以称之为“外五力”，另一类是“思维能力（thinking ability）”，因为属于“隐性”，所以称之为“内五力”。“外五力”和“内五力”两者构成的“十大力”，就是通常所说的综合竞争力的“力”。

彰显行为能力的“外五力”侧重：艺术力（artistic powe），运动力（athletic power），社会力（social power），演绎力（deductive power），领导力（leadership ）。体现思维能力的“内五力”侧重：推理力（reasoning ability），观察力（observing ability），分析力（analytical ability），想象力（imagination），组织力（organizational ability）。

“十大力”里面各种力强大的背后，对标学子具备的某些个性，这些个性来自生成这种力的过程。比如，从成功获得“外五力”的角度，看“力”的生成过程：艺术力需要沉稳与自控，运动力需要坚韧与执着，社会力需要融合与包容，演绎力需要严谨与明辨，领导力呢，离不开团队精神。“内五力”同理，优异学习成绩的背后，蕴藏强大的逻辑思维能力及延伸能力、创新能力等。由此，在学校，“十大力”肯定是顶级名校选择学生、判断颁发奖学金的依据；在职场，“十大力”的综合指数，永远是优质公司、企业最为关注的重点。

认识：起跑线、起跑点

什么是起跑“线”和起跑“点”？

对于人的能力而言，综合竞争力是起跑线，组成综合竞争力的“十大力”，每一个力都是起跑点，这些起跑点支撑起一个人的综合竞争力。

就综合竞争力而言，“十大力”的力是它的起跑线，每一种力都有对应不同的、功能独立的起跑点，这些起跑点分别支撑起“十大力”的力。

比如：艺术力是“综合力”的起跑线，也是一种独立的力，艺术力的起跑点是个性的沉稳与自控等；想象力是综合竞争力的起跑线，也是一种独立的力，想象力的起跑点是思维延伸的维度与空间等。由此可见，所有的力都需要某些点也靠某些点去支撑才能生成或强大，所以这些点被称为“起跑点”。

归根到底，竞争力的基础是起跑点。力受制于点，支撑这种力的任何一个点孱弱，这种力就不强。可见希望提升任何一种力，首先需要找到构成这种力的起跑点，然后通过合适的手段，设法强化这些起跑点，当这些起跑点都齐全了，同时也逐渐强大了，对应的力也将同步提升。

比如，希望提升观察力，首先要找出构成观察力的起跑点，然后采取合适的手段或者工具，设法强大这些起跑点，随着这些起跑点逐渐强大，观察力也随之提升。同理，启蒙逻辑思维能力的核心是：能否找出构成逻辑思维能力的起跑点，是否拥有强大相应起跑点的工具。

为什么《钥匙》能够启蒙逻辑？

首先，团队深研逻辑究竟如何影响和规范脑力运动的思维“步骤 + 方向 + 方法”，并归纳出逻辑思维流程。其次，团队发掘出启蒙思维能力和思维习惯的起跑点，开发出系列“操练 + 强大”这些起跑点的训练手段。

认识：逻辑

第一，什么是逻辑？

逻辑是规则，在思考问题时，逻辑是思维运动的“导航仪”。可以这样去理解逻辑：不同的运动有不同的竞赛规则，篮球有篮球的规则，游泳有游泳的规则，这些规则让运动有章可循，不懂运动竞赛规则就容易犯规，就容易失去主动权，逻辑规则在思维竞赛中呈现出同样的属性。

逻辑规则规范脑力的思维运动，直接影响大脑的思维能力和思维质量。逻辑规则是脑力运动的定律、公式，对脑力运动既有“要求”也有“引导”：“要求”如定律，明确“行为”；“引导”如公式，明确“方向 + 方法”。“规则”让脑力运动具有针对性，逻辑按“规则”功能可划分为多种。“逻辑能力”是指遵循和应用“逻辑规则”去思考问题的能力。

第二，什么是逻辑思路？

逻辑思路是五个基础逻辑组成的思维流程（路径）。逻辑思路不神秘，其功能却很神秘，逻辑规则有“要求 + 引导”的属性，遵循逻辑思路去思考问题，脑力与规则会有互动，即当脑力依规则的“要求”去工作，规则也“引导”脑力进行工作。逻辑思路是思维质量、思维能力的“放大器”。

读书学习必备的基础逻辑有五个，按思维顺序依次串联，组成一条“逻辑思维流程”：表达逻辑侧重“理解”➡推理逻辑侧重“选择”➡观察逻辑侧重“分辨”➡分析逻辑侧重“对比”➡判断逻辑侧重“认定”。五个逻辑都有独立的侧重点，“侧重”指的是“行为”，既是各个逻辑的思维规则对脑力思维运动的具体要求，也是各个逻辑分别承担的识别职能。

第三，什么是逻辑性？

“逻辑性”是指脑力的思维运动要遵循逻辑规则，要恪守逻辑思维流程。“逻辑性”规范了脑力的思维运动。“逻辑性”的重点是：思考问题有思维步骤 + 这个步骤有目标方向 + 这个方向有解决方法。思考问题是否有逻辑性、恪守的思维流程是否准确，会直接影响思维的质量和能力。

抽象的逻辑性体现在遵循逻辑思维流程（逻辑思路）思考问题，流程的核心在于思维的“步骤 + 指令”，其中，“步骤”是思维环节，“指令”是引导脑力运动的细则。每个人思考问题都有自己的思维流程（思路），但其结构与细则是否对标逻辑思维流程的结构和细则，差之毫厘，谬以千里。思维逻辑性并非先天就有，靠后天的升华或启蒙，故此，家长有认知，孩子有机会。

第四，什么是逻辑启蒙？

启蒙含义广泛，逻辑启蒙是树立以逻辑思路（遵循逻辑思维流程）去思考问题的思维习惯。幼小阶段是建立习惯，小初阶段是端正习惯。每个人都有思维习惯，思维习惯不同，思路自然不同，思维的“步骤 + 指令”也不同，由此，每个人思维的方式、质量和能力都会有不同。逻辑启蒙是通过修正脑力思维运动的“步骤 + 指令”，从而端正思维习惯。

让家长知道小朋友需要启蒙很容易，而真正开展启蒙不容易。有效的逻辑启蒙需要拥有操练逻辑思维“步骤 + 指令”的合适工具，这些工具也要能够暴露和消除小朋友思维习惯上存在的短板，并富有启发性，加之以时间及周期性的“磨砺 + 领悟”。成功端正思维习惯就是成功获得启蒙。

第五：什么是逻辑关系？

逻辑关系描述的是一种关联性，存在于概念之间、命题之间、数理之间、是非之间、时空之间等。逻辑关系如同纽带，在上述各种“之间”搭建出因果、依赖、共享等关系，通常出现在社会现象和思维活动之中。

遇到问题，找出问题的逻辑关系，是处理、解决问题的前提条件，学生解题也一样。事物之间有关联性就有关联特征，这些特征体现出事物之间的纠缠关系，找到这些特征，就能识别出事物之间的逻辑关系。

“逻辑关系”与数学的关系

数学是通过显性的数字结构、特定的对应变量这些已知条件，去识别命题里已知与求知之间存在的隐性逻辑关系，最后达到完成求知。数学能力的强弱体现在：准确寻找已知与求知之间逻辑关系的能力。

“逻辑关系”与写作的关系

写作是通过清晰、关联、合理的方式，组织出对应某个观点或结论有信服力的依据，从而支撑这个观点或结论的成立。写作质量的高低取决于构建观点与依据之间的逻辑关系是否严谨并具有说服力。

“逻辑关系”与偏科的关系

学生的偏科现象，表面看是兴趣问题，根本原因是脑力实现不同的思维意图时技巧不均衡。寻找逻辑关系技巧强则数学潜力大，构建逻辑关系技巧强则写作潜力大；如果两者强弱差距大，就会导致偏科。

“逻辑关系”与逻辑混乱的关系

逻辑混乱是一种不良的脑力运动，是在思考问题的过程中对事物或问题的已知与求知之间、观点与依据之间，无法寻找或者构建出准确合理的逻辑关系，导致无法解决问题，或者发表的论述没有说服力。逻辑混乱是思维能力薄弱的表现，通常源于两个方面。

第一，大脑的思维方式。思维能力薄弱源自脑力的运动缺乏逻辑性，也许是思维步骤错乱，也许是思维方向、方法不正确。解决办法是端正思维习惯，思考问题时遵循正确的思维“步骤 + 方向 + 方法”。

第二，识别逻辑关系的能力。思维能力薄弱源自缺乏识别事物关联性的能力和技巧。解决的办法，唯有设法提升寻找或者构建事物之间逻辑关系的能力和技巧。现实中不少学生也会尝试这样处理：刷题。

“逻辑关系”与刷题效果的关系

首先，为提高学习效果，努力刷题肯定是好事。不过，要清晰一个认知：刷题有两种不同方式，导致产生不同的刷题效果。

如果拥有正确的思维习惯，刷题是“操练 + 提升”识别事物之间逻辑关系的“技巧”。如果缺乏正确的思维习惯，刷题是“熟识 + 储备”识别事物之间逻辑关系的“库存”。两者表面行为一样，得到的效果完全不一样。

可见，拥有逻辑思维习惯，刷题得到的优势是，遵循逻辑思维流程识别逻辑关系，锻炼“以思维规则不变，应对问题的万变”的能力；缺乏逻辑思维习惯，刷题得到的优势是，积累“按图索骥，对接问题”的经验。

认识：逻辑思路的结构和特点

通常，“逻辑性”侧重体现在建立“观念”上，
“逻辑思路（逻辑思维流程）”侧重体现在引导“行为”上。

逻辑的含义很深奥，《钥匙》将研究重点放在发掘五大基础逻辑的实用性，萃取五大逻辑规则的精华，让这些规则提供最有价值的引导服务上。如同卫星导航，技术十分复杂，学会应用就能有效、精准获取引导服务。

五大基础逻辑及其规则功能是：1. 表达逻辑，规则侧重引导“理解”；2. 推理逻辑，规则侧重引导“选择”；3. 观察逻辑，规则侧重引导“分辨”；4. 分析逻辑，规则侧重引导“对比”；5. 判断逻辑，规则侧重引导“认定”。

逻辑思路是逻辑的组合体，逻辑思路是思考问题的标准思维路径，组成思路的五个逻辑都带有“识别”职能，把五个逻辑按“步骤”结合其体现规则功能的“指令”进行有序串联，就构成逻辑思路，也叫“逻辑思维流程”。

面对问题→步骤 1 + 表达指令→步骤 2 + 推理指令→步骤 3 + 观察指令→步骤 4 + 分析指令→步骤 5 + 判断指令→显示结果

拥有了逻辑思路，不论听课还是解题，都是问题进入大脑的思维加工流水线，步骤 1 是入口，材料是已知和求知，五个“步骤”是加工环节，五个“指令”是加工手段，步骤 5 是出口，产品是结论（答案）。逻辑思路在吸收的过程体现在接受能力上，在输出的过程体现在解题能力上。

如果在同一个思维流程，思考问题是一个步骤衔接下一个步骤。如果遇到多元、叠加的复杂问题，前一组思维流程得出的结果将成为后一

组思维流程的材料或目标，脑力将开启新一轮“步骤 + 指令”的思维操作。

逻辑规则带有“要求 + 引导”功能，其中“要求”是该逻辑的思维侧重点，“引导”是通过指令引导大脑去实施并完成这个侧重点。比如，观察逻辑侧重分辨，指令负责引导大脑的思维“方向 + 方法”去完成分辨。

思考问题的思维模式分“思路”和“套路”两种，思路来自升华或启蒙，套路来自经验或模拟，两者思维的侧重点不同。比如，在解题方式上，思路是按步骤各有侧重点，依规则（指令）引导的识别手段解题，套路是斟酌已知和求知的相互关系，侧重筛选并配套出方案解题。思路凭识别能力获取优势，套路凭储备能力获取优势。持续竞争力：思路＞套路。

掌握逻辑思路以拥有识别能力的优势，用同等的学习时间与未掌握逻辑思路的同学比拼学习、刷题效果，前者是“领会 + 融通 + 消化”，后者是“熟识 + 理解 + 储备”，前者学习潜力明显更强，这是学霸的学习特点。

逻辑思路的每个思维步骤都有对应的指令（规则），每个指令都有各自效力的“方向 + 方法”，这是不同思维指令的独立性。每个指令发挥效力时，都需要承接上一个指令传送的结果，这是思维指令之间的关联性。

指令引导脑力运动环环相扣，由此，思路里任何一个环节失误，都会导致结果出现失误，这种特征符合**木桶定律——木桶盛水的高度取决于它的短板**。不论学习能力还是学习竞争力，都源自学习思路，也同样受短板的制约：**学习思路某个环节弱，学习能力整体随之同弱。**

认识：逻辑思路的五个思维步骤

逻辑思路的五个思维步骤有序对标逻辑思维流程的五个思维环节及其对应的五个逻辑。五个逻辑各有对应的思维规则，五个规则以承上启下的方式，对脑力活动各有“要求”，也输送不同的“引导”。

“承上启下”决定了思维的有序性。如果脑力活动步骤无序，思考问题的流程必然错乱，逻辑规则对脑力的“要求”和“引导”功能自然失效。思维步骤无序，将导致前因后果无法衔接，领悟、解题、写作能力必然弱。

五个规则包含有五组“要求＋引导”，分别规范和效力于五个步骤的脑力活动，让脑力活动有章可循，体现逻辑思路特有的严谨性和驱动性。掌握逻辑思路，就是拥有“以规则的不变，应对问题的万变”的思维能力。

逻辑思路每个步骤对应一个专属的思维规则，为了直观了解“步骤”与“规则”的关系，下面进行一组模拟。以解一道数学题为例，学霸 A 的解题历程及逻辑规则的引导功能两个解题思维模式对照如下。

步骤 1

学霸 A 解题的模式：阅读题目和理解题意后梳理出，找到什么关键要点，就能够成功解这道题。

规则引领的模式：表达逻辑要求脑力侧重理解。引导：理解题意，对标问题，明确解题的核心点。

步骤 2

学霸 A 解题的模式：为了找出解题的关键要点，懂得筛选已知要素，懂得如何找出解题的入手点。

规则引领的模式：推理逻辑要求脑力侧重选择。引导：识别与解题有关联的要素，选择切入点。

步骤 3

学霸 A 解题的模式：针对入手点，知道怎样组合已知要素里面的相互关系，建立起解题的桥梁。

规则引领的模式：观察逻辑要求脑力侧重分辨。引导：分辨切入点的关联特征，建立解题的纽带。

步骤 4

学霸 A 解题的模式：解题桥梁结合已知要素，运用对应和有效的手段，求出解题的关键要点。

规则引领的模式：分析逻辑要求脑力侧重对比。引导：针对纽带结合已知要素，对比出解题的核心点。

步骤 5

学霸 A 解题的模式：求出关键要点，首先进行复查，避免粗枝大叶出差错，然后确认答案。

规则引领的模式：判断逻辑要求脑力侧重认定。引导：审核切入点及核心点，同步认定答案。

很明显，“思维步骤 + 逻辑规则”引导的解题与学霸 A 的解题模式完全吻合，就是说，《钥匙》培养的思路与学霸 A 的思路都对接逻辑思路，这说明一个关键点：希望拥有逻辑思路，首先要掌握逻辑思路的思维“步骤”。

《钥匙》的课程，帮助学员树立或者端正思维的“步骤”，同步通过“指令”，把规则的“引导”功能在解题过程中详细标注出来，让学员清楚：**这个步骤该思考什么 + 这个步骤该怎样思考。**

切入点，外因（External cause）：体现事物外在条件、现象或行为的显象要素，即：切入点 = 外因 = 显象。

核心点，内因（Internal cause）：体现事物内在意图、本质、根源的内核要素，即：核心点 = 内因 = 内核。

认识：逻辑思路的五个思维指令

思路有两个特性：面对问题时表达逻辑是思考问题的入口，得出结论后它又是给出观点的出口；面对复杂问题时，前一轮思维流程出口出来的观点，有可能成为目标进入下一轮思维流程的入口。

比如解数学题，理解题意是思维流程的首轮工作，目的是预设解题的核心点。然后为了这个核心点，大脑开启第二轮思维流程的工作，通过切入点（外因）去寻求核心点（内因），求出核心点就能得出答案。

“表达”具有交流双方互相传达各自观点的双向性，表达指令的核心是让对方理解，由此可见“理解”也具有输出和融通双向功能。

1. 表达指令对外，是自己向他人表达，体现为输出，如授课、演讲、写作等，这个环节自己需要设法阐明依据，让他人理解自己表达的内容。

2. 表达指令对内，是他人向自己表达，体现为融通，如受教、吸收、解题等，这个环节自己需要设法识别依据，准确理解他人表达的内容。

“理解”重点针对依据，有依据（外因 + 内因）支撑的观点才有说服力。比如前述的解数学题，首轮思维流程“理解题意”后，预设的核心点显然缺乏实质内容，这个目标需要经历新一轮思维流程的推理、观察、分析，从外因（切入点）识别出内因（核心点），依据完整，答案才有说服力。

逻辑思路的每个步骤都有对应的思维指令，指令分别引导五个思维步骤的思维“方向 + 方法”，体现了逻辑规则（指令）引导脑力有序运动的功能：先按步骤引导脑力锁定方向，后引导脑力采用对应的方法完成任务。

步骤 1，表达逻辑。表达指令侧重“理解”。

表达逻辑呈现出这样的共振现象：只有自己知道怎样去表达才容易理解他人的表达。《钥匙》通过理科解题去演绎逻辑思维流程，重点放在表达指令对内的受教、吸收、解题上。方向是：给出的题目。方法是：准确理解题意，预设出解题需求的目标——核心点（内因）。

步骤 2，推理逻辑。推理指令侧重“选择”。

推理指令引导的方向是：针对事物已知的外在条件、现象或行为。方法是：对标题意，识别已知要素与求知之间存在的关联性，选择出与解题关联性最强的要素，这些要素或独立或组合，成为应选的解题切入点，即外因（显象）。条件侧重前提，现象侧重状态。

步骤 3，观察逻辑。观察指令侧重“分辨”。

观察指令引导的方向是：针对推理得出的切入点。方法是：分辨出切入点的显性或者隐性特征，或分辨出对切入点带有针对性的补充要素，建立起承上启下的纽带（逻辑关系）。在理科，观察是分辨出切入点的特征后，建立起求解核心点的定律或公式。

步骤 4，分析逻辑。分析指令侧重“对比”。

分析指令引导的方向是：针对观察得出的纽带。方法是：通过对比、计算或匹配的手段，求出体现事物内在意图、本质或根源的核心点，即内因（内核）。核心点呼应步骤 1 预设的解题目标。思维步骤：先推理➡再观察➡后分析。本质侧重属性，根源侧重原因。

步骤 5，判断逻辑。判断指令侧重“认定”。

判断指令引导的方向是：针对解题的依据（切入点 + 核心点）。方法是：先假定依据正确，再审核构成依据的要素是否准确，如果都无法否定，依据才可以被肯定。认定依据后有两种可能：确认答案，完成解题；对外发布有依据支撑、有说服力的结论或观点。

逻辑思路规范了脑力思维运动的逻辑性：思考问题“有步骤 + 有方向 + 有方法”。很显然，逻辑思路侧重“向目标延伸出思维手段”，套路侧重“为目标配套出储备手段”，由此不难理解：逻辑思路比套路更富有想象力和应变能力。下面通过两个实例，从直观上加深对“步骤 + 指令”的认知。

实例 1

体验思维流程与如何构建逻辑关系

观点：医生说“小强生病了”。得出观点的过程：早上小强说喉咙疼，妈妈带小强去看医生，测出小强的体温高达 39℃，发现他扁桃体出现红肿，应该是扁桃体发炎。

那么，医生是怎样得出“小强生病了”这个观点的呢？看看逻辑思维流程的五个思维“步骤 + 指令”怎样引导医生诊断：构建观点与依据的逻辑关系。医生的思维流程，与小朋友读书、解题必备的思维程序相通。

步骤 1，表达指令。重点在“理解”。对外，通过展现依据，让他人理解自己的结论（观点）。对内，方向：题目；方法：理解给出的题意，设定出解题需要寻找的核心点（内因）。

医生的方向：小强是否生病。方法：针对“小强说喉咙疼”和“小强的体温高达 39℃”这两个现象。医生建立诊断（解题）目标：导致出现这两个现象的核心点（内因）是什么呢？

步骤 2，推理指令。重点在“选择”。方向：聚焦已知要素。方法：针对已知的外部“条件、行为或现象”，选择与题意关联性最强的已知要素，作为应选的解题切入点（外因）。

医生的方向：聚焦“喉咙疼”“体温 39℃”。方法：针对“喉咙疼”“体温 39℃”这两个现象，发现“喉咙疼”带有明显的指向性，应选“喉咙疼”这个现象，作为诊断的切入点（外因）。

步骤 3，观察指令。重点在“分辨”。方向：聚焦切入点。方法：分辨出切入点显性或隐性的特征，或分辨出对切入点带有针对性补充的要素，确立要点、公式或定律，作为解题的纽带。

医生的方向：聚焦“喉咙疼”。方法：“喉咙疼”的关联部位是“喉咙”，检查喉咙，医生通过检查，分辨出扁桃体出现“红肿”，这个与“喉咙疼”相关联的特征是诊断（解题）的纽带。

步骤 4，分析指令。重点在“对比”。方向：聚焦纽带。方法：通过对比、计算或匹配，求出体现事物内在“意图、本质或根源”的要素，这个要素是解题的核心点（内因）。

医生的方向：聚焦“扁桃体出现红肿”这条承上启下的纽带。方法：医生以专业知识进行诊断，通过对比得出“应该是扁桃体发炎”。这个“根源”是步骤1寻找的核心点（内因）。

步骤 5，判断指令。重点在“认定”。方向：得出的依据。方法：首先假定结论（观点）能够成立，如果支持结论的依据（“切入点 + 核心点”）无法否定，结论或答案才能够肯定。

医生的方向：审核支持观点成立的依据“切入点（外因）+ 核心点（内因）”。方法：切入点“喉咙疼”得到确认，核心点“应该是扁桃体发炎”得到确认，依据无法否定，医生得出观点：小强生病了。

诊断过程中，无论医生思考时间是长还是短，问题是复杂还是简单，医生的诊断思路和手段都要遵循这个逻辑思维流程的思维“步骤 + 方向 + 方法”。

无论是通过“套路”升华获得“思路”，还是通过外界启蒙获得“思路”，希望拥有正确的学习思路、拥有学习竞争力，同样离不开需要掌握逻辑思维流程的思维“步骤 + 方向 + 方法”。

本题演绎的重点是“构建逻辑关系”，学生最早阶段学习如何造句，就是学习如何构建逻辑关系；而后阶段的写作，是通过准确构建观点与依据之间的逻辑关系，让自己的观点具有信服力和说服力。

实例 2

体验逻辑启蒙与如何寻找逻辑关系

1. 小珺包的馄饨比饺子多 1/3。把馄饨、饺子装在一起，每 8 只装一盒，装满 33 个盒子后，发现多出来 2 只饺子。问：总共有多少只馄饨？

A. 131　　B. 145　　C. 152　　D. 160

2. 小珺包的馄饨比饺子多 5 只，馄饨、饺子合装，每盒装 8 只需要 33 个盒子；每盒装 6 只，盒子会增加 10 个。问：总共有多少只馄饨？

A. 131　　B. 145　　C. 152　　D. 160

说明：实例 2 是《钥匙》训练项目的实战题，题 1 是套路题，题 2 是思路题，设计目的是让学员体验套路解题与思路解题的不同点，体验思路题究竟为什么能够拉开成绩。学员看思路解题的过程，要领悟上个步骤之后，再去思考下个步骤，务求每个步骤都能收获一个启发，疏通一个节点，消除一个短板。如此脑力锤炼，启蒙效果“深刻 + 显著”。

实战题 1，用套路解题

套路解题的关键：准确理解题意，熟练使用公式。包装进盒的数量：8 × 33=264 只，因为多出 2 只饺子，“馄饨 + 饺子”总数是 266 只。馄饨比饺子多 1/3，代表：馄饨 = 饺子 ×（1 + 1/3），得出馄饨的总数是：4 × 266/7=152 只。答案：C。

阅读题 2 解题思路前，是否再思考一下？

实战题 2，用思路解题

步骤 1，表达指令。重点在“理解”。对外，通过展现依据让他人理解自己的结论（观点）。对内，方向：题目；方法：理解给出的题意，设定出解题需要寻找的核心点（内因）。

先尝试识别出解题的核心点，再参照解题“验证 + 修正”识别结果，如果理解有不同就需要对照思考：表达环节疏忽了什么？

步骤 1，表达指令侧重“理解”。根据“求知”的引导，延伸出需要找出解题的核心点是“馄饨和饺子的总数”。

步骤 2，推理指令。重点在“选择”。方向：聚焦已知要素。方法：针对已知的外部条件、行为或现象，选择或者组合出关联性最强的已知要素，作为应选的解题切入点（外因）。

针对需要寻找的“馄饨和饺子的总数”，尝试选择出关联性最强的解题切入点。如果选择结果不一致，就需要思考：推理环节疏忽了什么？

步骤 2，推理指令侧重“选择”。很显然，只有盒子包含关联性，解题“钥匙”隐藏在“33 个盒子”和“盒子增加 10 个”里，这是应选的解题切入点（外因）。

步骤 3，观察指令。重点在“分辨”。方向：聚焦在外因。方法：分辨出切入点显性或隐性特征，或分辨出对切入点带有针对性补充的要素，确立要点、公式或定律作为解题的纽带。

分辨切入点“8 只 33 个盒子”以及“少装 2 只盒子加 10 个”的特征，建立解题的纽带。如分辨的结果不一致，就要思考：观察环节疏忽了什么？

步骤 3，观察指令侧重“分辨”。脑力聚焦在分辨切入点特征上。怎样分辨呢？脑力顺着切入点向前延伸至：究竟两种包装暗喻了什么呢？这样就大概率能分辨出：馄饨和饺子的总数，一定是满足两种包装模式的重叠部分。

每盒装 8 只，33 个盒子能装 $32\times8+1=257$ 至 $33\times8=264$ 只，每盒装 6 只，43 个盒子能装 $42\times6+1=253$ 至 $43\times6=258$ 只。分辨出 33 个或 43 个盒子都能装的数量是 257 或者 258，这个特征是解题的纽带。

步骤 4，分析指令。重点在“对比”。方向：聚焦纽带。方法：通过对比、计算或匹配，求出体现事物内在意图、本质或根源的要素，这个要素是解题的核心点（内因）。

通过对比纽带“馄饨饺子总数是 257 或者 258”，尝试求出核心点。如果得出的结果不一致，就需要对照思考：分析环节疏忽了什么？

步骤 4，分析指令侧重“对比”。“馄饨比饺子多 5 只”代表总数是单数，通过对比纽带，得出：馄饨和饺子的总数是 257 只。这是解题的核心点（内因）。

步骤 5，判断指令。重点在“认定”。方向：得出的依据。方法：首先假定结论（观点）成立，如果支持结论的依据（“切入点 + 核心点”）无法否定，结论或答案才能够肯定。

审核求出切入点和核心点的过程是否合理，并认定结果。这个过程能够培养缜密、细致的思维，有效预防粗枝大叶。

步骤 5，判断指令侧重“认定”。根据馄饨多 5 只得出馄饨有 131 只。答案：A。

本题领悟重点：步骤 3，观察环节。本题的解题过程，演绎了如何寻找已知与求知的逻辑关系。比如，本题解题“钥匙”隐藏在盒子数量中，观察环节如果没有延伸出总数是两种包装的“重叠部分”这个已知与求知的逻辑关系，则无法解题。过程“考验 + 锤炼”学员以下两点：如何延伸、如何分辨。

解题过程中，脑力要锁定在分辨“切入点暗喻了什么关联特征”上。本题训练重点放在观察的“延伸 + 分辨”能力上，操练和培养学员寻找逻辑关系的能力。学员既要有渐进式的思维能力，这是循序渐进、扎实发挥基本技能的条件；也要有跨越式的延伸能力，这是想象力和创造力的基础。

题外话 解题秘诀：明确核心点 + 找出切入点

解题要牢记，首轮思维流程的重点是：理解题意，识别出解题需要的核心点，后续思维流程的重点是：推理环节选择出求解核心点的切入点，观察环节分辨出切入点的特征并组建纽带，分析环节求解出核心点。

按流程依步骤思考、领悟解题的过程，需要坚持一个步骤一番思考，这样才能逐个暴露、消除思维过程中出现的思维短板，潜移默化 + 久习成性，经历五个阶段，经历 50 组难题的锤炼，思维能力必然强劲。

《钥匙》项目的宗旨、功能、意义

项目的宗旨

《钥匙》项目的创作宗旨是让所有学员拥有同等的机会进行逻辑“认知 + 启蒙”，让标准的逻辑思维流程成为学员思考问题的思维习惯，让学员思考过程中做到“思考问题有思维步骤 + 这个步骤有目标方向 + 这个方向有解决方法”。

项目的功能

《钥匙》不仅是一本书，更是辅助涵养智慧的项目。素质教育回归家庭，《钥匙》让家长有机会、有能力、有工具对孩子进行逻辑启蒙，孩子每周操练领悟一组题，半年至一年，塑造出富有竞争力的逻辑思维习惯。

项目的意义

《钥匙》让学员或者厚积而薄发，或者知弱而图强。逻辑启蒙的意义是帮助学员在学习的过程中更容易“知其然，亦知其所以然”，是帮助学员在文、理科学习中建立寻找或者构建关联事物相互关系（逻辑关系）的能力。

理科侧重寻找逻辑关系。在数学学科中，这些逻辑关系是题目里各要素之间连接的桥梁。学好数学要具备逻辑思维能力，数学题目各要素之间都存在显性或隐性关系，学员如果逻辑性弱，识别（寻找）这些关系的能力就不会强。《钥匙》通过挑战题、实战题帮助学员“操练 + 提升”这些识别能力。

文科侧重构建逻辑关系。在写作过程中，这些逻辑关系是观点与依据形成关联的桥梁。写作也要具备逻辑思维能力，观点要成立，需要有逻辑关系的依据去支撑，学员如果逻辑性弱，组织（构建）这种关系的能力就不会强。《钥匙》用线上小程序的逻辑题，帮助学员“锤炼 + 提高”这些组织能力。

《钥匙》题目的设计为什么需要有点解题难度

先从不同的切入点讲述同一件事。

有一个苹果从树上脱落，有人看“脱”，有人看“落”。

如果切入点是“落”，这些人只会关注如何“下落”和“落在”哪里。

如果切入点是“脱”，就会思考苹果“脱”离树枝后为什么向下而不是向上。正是分辨出“向下而不是向上”的关联特征，“形成纽带 + 梳理纽带”的人发现了万有引力。思考：为什么其他人只看到“落”，那人会留意“脱”呢?

看问题从不同的切入点（外因，显象），通常会看到不同的核心点（内因，内核）。《钥匙》设计的题目“难”，带有独特的设计理念及设计指标。

题目的设计理念

1. 题目设计追求的效果：必须具备能够有效端正学员思维习惯的能力，具备帮助学员建立逻辑思维路径、锻造高质量思维竞争力的功能。

2. 题目设计锚定的范围：内容都不超越小初阶段的认知水平。学员感觉题目“易”或“难”，原因在于其是否拥有解题的逻辑思路和精准的识别能力。

题目的设计指标

1. 做题的过程中需要暴露学员思维习惯上存在的短板，这样，学员在领悟解题的过程中，自然既好奇也有针对性地关注没有想到的手段，这个过程能加强领悟与融通能力，高效率打通思维过程中出现的闭塞节点。

2. 做题的过程中，需要有启发性，学员之所以感觉挑战题“难”，是因为题目是按“端正思维习惯”目标来进行设计的；之所以感觉实战题“难”，是因为题目是按“提高思维竞争力”目标来进行设计的，做题的过程能够直观比较套路与思路不同的思维特征，体验思路题为什么能够拉开成绩。

题目的设计意图

1. 《钥匙》的经验：如果题目没有难度，学员用目前的思路或套路也能解题，会降低学员对逻辑启蒙的重视程度和迫切心理，学员也许会由此错失端正思维习惯的机会，错失“暴露 + 消除”思维短板的机会。

2. 《钥匙》的题目，部分题型相似，但解题技巧并不相同，比如排他题、扑克题、字符题等题型，题型相似，解题手段却不同，设计意图是通过变化去拓宽学员脑力延伸空间和延伸技巧。

创作团队追求的效果

1. 《钥匙》劝学逻辑，是因为逻辑思路比套路更有“想象力 + 竞争力”，有指令引导“方向明确 + 方法具体”的脑力延伸，思路更富有敏锐性和创造性。所以，帮助学员树立逻辑思路 = 培养有创新能力的优秀人才。

2. 团队设计的题目，以踏实有效地培养逻辑思维能力为宗旨。训练过程中，促使学员先自己进行高强度思考，在深思后恍然大悟。提醒：越是感觉题目难，越是说明存在思维短板，逻辑训练的需要越是迫切。

题外话　扫帚不到，灰尘不会自己跑掉

《钥匙》的题目难事实上并非难在知识水平高上，而是难在考验学员是否具备解题思路和寻找逻辑关系的能力上。创作团队将题目的设计重点放在想方设法让学员暴露思维过程的短板或暴露容易疏忽的节点上。

扫帚不到，灰尘不会自己跑掉。思考问题过程中脑力隐藏的短板、疏忽，都是直接影响思维竞争力的主要因素。创作团队以负责任的态度，始终秉承一个观点：短板需要难题才能暴露，暴露才有机会消除。

《钥匙》提醒：小升初、中考、高考出题都是有规则的

小升初、中考、高考，考官出题都是有思维规则的，如果考生的解题思路与这条题的出题思维规则无法对接，解题过程必定曲折。考官出题必须恪守的思维规则是什么呢？是“逻辑思维规则”。

考官是怎样出题的呢？首先，出题要遵循逻辑规则，逻辑规则要求题目的“已知”与“求知”有显性或者隐性的逻辑关系。其次，考官会把解题的“钥匙”隐藏在某个思维环节里，考查考生的逻辑识别能力。

考官根据不同的考核意图设计不同的题目。比如，如果“已知”与“求知”的逻辑关系相对显性，这题目是套路题，重点考核配对能力；如果逻辑关系相对隐性，这题目是思路题，重点考核寻找逻辑关系的能力。

面对思路题，考生的解题思路必须具有逻辑性，如同针尖对麦芒，这样才能对接考官出题的逻辑规则，发掘出考官埋下的线索（切入点），并建立起解题纽带，找出隐藏的“钥匙”（核心点），最后成功解题。

《钥匙》恪守逻辑规则设计题目，解题过程，通过详细演绎五个思维“步骤 + 指令”，精心“引导 + 锤炼”学员应用不变的逻辑思维流程，发掘隐藏的解题“钥匙”，培养出学员应对问题万变的能力和技巧。

《钥匙》设计的每道题都针对性地暴露并消除学员的某个思维短板。只要坚定不移，致力去领悟和融通解题的过程，操练和培养思维延伸能力，必然收获强大的思维竞争力，这是建立学习自信的“本钱”。

《钥匙》三种题型的训练意图及特点

《钥匙》设计三种题型，意图只有一个：全方位让学员掌握、融通五个思维“步骤 + 指令”，引导脑力成功寻找或者构建事物之间的逻辑关系。

挑战题

《钥匙》注重用逻辑思维流程一个步骤一番思考引导学员解题，通过“潜移默化 + 习久成性”，逐渐将逻辑思路转化成为学员思考问题的思维习惯。挑战题致力于打通学员思维上闭塞的节点，树立解决难题的“能力 + 技巧”，并培养对问题、难题的亲和力。挑战题侧重寻找逻辑关系。

实战题

用相近似的两道题体验套路与思路不同的思维特点。套路题帮助学员熟练公式定律，提升解题速度。做思路题以及看解题的过程，学员会从百思不解到恍然大悟，储备实战能力和自信，从而提高思维竞争力。实战题让学员体验思路题凭什么能够拉开考试成绩。

逻辑题

通过已知观点去识别出支持观点成立的依据。逻辑题是训练高质量构建、组织事物逻辑关系的工具。逻辑题的特征是“逆向 + 动态”，逆向是：观点已知，匹配支持观点的“外因 + 内因”。动态是：做题过程中，脑力会不断“再识别 + 再验证”，不断进行拉锯式的识别能力操练，直到正确解答。

逻辑题设计富有技巧，是培养精准识别能力的训练题，逻辑题的设计特点，能够深度操练逻辑思维“步骤 + 指令”的应用。解题不容易是因为精准识别能力来之不易，当解题由不容易变得容易，代表基本融通逻辑流程的“步骤 + 指令”，拥有精英级别“正确之中选准确”的精准识别能力。

逻辑题带有竞技属性，鼓励亲子竞技

日积月累 + 积微成著，能够显著提升逻辑识别能力

体验逻辑题如何培养精准识别能力

（提示：逻辑题是线上训练项目，进入需要扫描本书二维码）

题目的“观点”是：**小鸟在建巢**。

构成观点的五句话是：小鸟嘴上的东西不是**食物**，小鸟用嘴**叼着**的是干草，干草是小鸟**建巢**的材料，那只小鸟频繁**飞向**大树，把干草**安放**在大树枝丫上。

做题要求，五个要素——“食物”“叼着”“建巢”“飞向”“安放”分别代表对应的五句话。现在遵循逻辑思维流程，根据“指令”的引导，识别出：支持观点成立的外因（显象）和内因（内核）要素。做题过程中，不要“先试一试选这个”，而是要“想一想为什么选这个”。

看解题前，尝试体验和识别一下，这样更容易理解设计意图。

不要认为这是文科题，逻辑性、逻辑识别能力方面文理相通。

推理识别出的外因（显象）叫“切入点”，侧重体现事物（问题）的条件、现象、行为；分析识别出的内因（内核）叫“核心点”，侧重体现事物（问题）的意图、本质、根源。

步骤1，表达指令。重点在“理解”。方向：给出的题目。方法：理解题意，识别出解题核心点。针对观点**“小鸟在建巢”**，理解题意后，凭直观感觉，初选出支持观点成立的外因（显象）是**“安放”**，内因（内核）是**“叼着”**，分别把**“安放”**拉进显象，**“叼着”**拉进内核。下面通过三个核心逻辑指令引导，按逻辑思维步骤进行逻辑识别能力的“验证＋培训”。（提示：本解题过程，是按线上做题进行演绎，比如“拉进显象”，是线上的动态操作。）

步骤2，推理指令。重点在“选择”。方向：聚焦已知。方法：选择出关联性最强的解题切入点。遵循指令引导，针对五个要素，经过想选、能选、应选的思考，识别出最对标“小鸟在建巢”的行为是“安放”，“安放”这个行为与观点最有关联性，应选“安放”作为解题切入点并拉进显象，“安放”成为支持“小鸟在建巢”成立的切入点即外因（显象）。

步骤3，观察指令。重点在“分辨”。方向：聚焦切入点。方法：分辨切入点的特征，建立解题纽带。先把“安放”拉进显象，在观察指令引导下，针对“安放”这个切入点，发现“叼着”和“飞向”都与“安放”有关联，但“飞向”带普遍性，“叼着”带针对性，分辨出“叼着”的特征对“安放”带有个性化补充，是牵出核心点即内因（内核）的纽带，把分辨出的纽带“叼着”拉进分辨。

步骤4，分析。指令重点在“对比”。方向：聚焦纽带。方法：对比、计算或匹配，求出核心点。在分析指令引导下，将其他要素与“叼着”这条承上启下的纽带进行对比，对比出最匹配纽带“叼着”的选项是“建巢”，“建巢”准确体现出支持观点成立所需要的本质，是支持“小鸟在建巢”成立的核心点内因（内核），把对比出的“建巢”拉进内核。

步骤5，判断指令。重点在“认定”。方向：得出的依据。方法：复核思维过程，确认依据准确。通过假定、否定、肯定进行审核，如果认定切入点，拉“安放”进显象；如果认定核心点，拉“建巢”进内核。

结果没有得到100分，这意味着某个思维环节识别要素不准确。现在返回“表达逻辑”，把初选的内核“叼着”更改为“建巢”，再分步复查，直到完成五个步骤的回顾。恭喜你，现在得到100分。将凭感觉的选择A与依流程的选择B并列，对照一下：

A：小鸟把干草“安放”在大树枝丫上（切入点，显象），小鸟用嘴“叼着”的是干草（核心点，内核），小鸟在建巢（观点）。

B：小鸟把干草“安放”在大树枝丫上（切入点，显象），干草是小鸟“建巢”的材料（核心点，内核），小鸟在建巢（观点）。

单独来看好像 A 没错，但并列对照就能够发现 B 明显更准确，“建巢”明显比“叼着”更体现“小鸟在建巢”这一观点成立所需要的“本质”。很显然，按逻辑思维流程去思考问题说服力更强，准确性更高。

学员的思维过程每经历一次拉锯都是一次锤炼。挑战题、实战题是通过依据求解出结论，逻辑题是通过结论识别出依据，《钥匙》将两种手段相结合，培养强大的逻辑思维能力，同步操练数学、写作能力。

题外话 亲子竞争 = 培养精英

逻辑具有严谨、精细、周密的属性，做逻辑题就是为了操练和掌握这些属性。逻辑题辅助孩子提升逻辑推理、观察、分析三大能力，以及缜密、耐心、自信的个人性格，这是优秀生必须具备的基本素质。

逻辑题带有智力竞争和娱乐性，坚持亲子对抗竞争十分有价值，日积月累 + 积微成著 = 脑力革故鼎新。培养精准识别能力不容易，逻辑题能让小朋友超越“模糊之中选正确”，具备“正确之中选准确”的精英思维能力。

参与《钥匙》项目训练的三个预期效果

《钥匙》塑造两大优势思维习惯

学员按流程思考解题的过程，是端正思维习惯的过程，同时树立两大优势的思维习惯。1. 思考问题的技术层面：思维的“步骤 + 方向 + 方法”；2. 思考过程的个性控制：思维的“缜密 + 耐性 + 自信”。

第一，基本效果

按要求完成课程内容，预期的基本效果是：思考问题有步骤，对逻辑指令的应用已经形成认知，懂得在不同的思维步骤，应该针对什么方向、采用什么方法解决问题。指标：任何阶段独立解题收获超过 60 颗★。

第二，理想效果

达到基本效果后，预期的理想效果是：懂得准确运用逻辑指令去引导脑力运动，具备比较强的推理、观察和分析能力，拥有在“异质”里“模糊之中选正确”的识别能力。指标：任何阶段独立解题收获超过 78 颗★。

第三，最佳效果

达到理想效果后，预期的最佳效果是：脑力具有多维度的延伸、想象以及强大的组织力，思维精细缜密并富有自信，拥有在“同质”里“正确之中选准确”的识别能力。指标：任何阶段独立解题收获超过 92 颗★。

《钥匙》团队鼓励学员：边学边用，活学活用。
越早在当前的学习当中应用逻辑思路，越早拥有思维“逻辑性 + 竞争力”。

《钥匙》对不同阶段学员的启蒙侧重点

《钥匙》团队详细演绎解题过程，不单是想让学员学会解这道题，更核心的意图是让学员通过阅读解题，融通和掌握思考问题、解决问题的逻辑思维流程，让学员深刻领悟逻辑思维流程的思维“步骤 + 指令”如何发挥作用，怎样引导脑力高质量地思考问题、解决问题。

创作团队推荐的训练计划

1. 小学生重点在“端正思维的步骤和指令”。训练计划适合采用循序渐进、久习成性的方式，用 50 组题 50 周的时间，分五个阶段循序渐进，使小学生建立起逻辑思维流程，树立起正确的思维“步骤 + 指令”，从而一劳永逸，达到端正和固化其思维习惯的效果。

第一阶段的目标：认知思维路径。
第二阶段的目标：掌握思维模型。
第三阶段的目标：强化思维指令。
第四阶段的目标：磨砺思维技巧。
第五阶段的目标：形成思维习惯。

2. 初高中学生重点在“领悟指令的引导功能”。训练适合采用厉兵秣马、活学活用的备战应战模式，提升应对复杂问题的实战经验和解题自信。学员要清楚做题看解题后要边学边用。重点：掌握五个步骤及其指令如何引导脑力运动；领会指令如何引导“暴露 + 消除”思维短板。

3. 从业人员重点在“掌握思维流程的模块”。训练计划适合采用移花接木、举一反三的方式，做题是为了清晰理解逻辑思维流程对脑力运动的有序约束，避免思路混乱。需要独立做出决断时，可以借鉴流程的思维“步骤＋指令”引导决策，这样更能提高观点结论的说服力。

有不少家长问：究竟读书有没有技巧？

读书过程大脑思维需要运动，
让运动过程流畅自然要有技巧，
读书的学习技巧取决于大脑的思维模式，
那就是：要懂得用思路的不变，去应对问题的万变。

家长通常接着问：建立学习思路有没有技巧？

建立学习思路当然也有技巧，
技巧在于选择建立思路的方式，
如果希望通过启蒙建立孩子的学习思路，
选择的工具必须能够消除思维短板，端正思维习惯。

题外话 不会有无缘无故的辉煌

现实中从来不会有无缘无故的辉煌，辉煌需要前提，这离不开基础和技巧。比如学习要取得弯道超车的辉煌，基础是必须拥有逻辑性的学习思路，技巧是思维过程中要精准掌握脑力的延伸“方向＋方法”。

学员希望通过《钥匙》达到预期目的，做题后要坚持每周回顾领悟 3 次，每次 10 分钟，一周 30 分钟，让本周学到的解题思维流程在大脑游走一周，将学到的思维“路径＋技巧”刻录在自己脑海。预则立，强大思维竞争力；立则行，只要无惧烦和难；行则达，最终迈向辉煌。加油！

用三个实例 体验《钥匙》对从业人员的引导意义

下面用三个实例演绎三个“当事人”是如何恪守逻辑思维流程，准确构建事物、问题的逻辑关系，从而得出富有“信服力 + 说服力”的结论的。

从业人员的入职考试如公务员考试中，掌握或者熟练运用《钥匙》训练的逻辑思维模型，是“自信 + 准确”应对及处理问题的有效思维模式。

实例 1，“当事人”是药业公司总经理

“当事人”目标：开拓“分子手性体拆分”项目（M 项目）

预设环节（**步骤 1，表达指令。重点在“理解”**）：作为负责任的总经理，知道 M 项目前景广阔，但成功拓展一个项目需要资金、技术、市场。针对 M 项目，公司在资金、市场方面都没有问题，关键是目前公司有没有匹配 M 项目所必备的技术。这是总经理需要解决的核心点。

定位环节（**步骤 2，推理指令。重点在“选择”**）：为了保证 M 项目能够获得成功，总经理准确识别出项目取得成功的切入点（外因），就是必须拥有掌握相关核心技术的“技术团队”。

调研环节（**步骤 3，观察指令。重点在“分辨”**）：面对“技术团队”这个切入点，总经理分辨公司的技术储备，确定出公司的技术人员有这方面的技术特长，这是项目有机会成功的纽带。

评估环节（**步骤 4，分析指令。重点在“对比”**）：面对公司的技术储备，总经理逐个对比公司现有技术人员，识别出技术人员 A 和 B 掌握分子手性体拆分的专业技术，这是 M 项目有机会获得成功的核心点（内因）。

审核环节（**步骤 5，判断指令。重点在“认定”**）：面对依据（外因 + 内因），先审核外因：组建“技术团队”这个措施没有问题，再审核内因：在实际操作过程中发现，技术人员 A 和 B 掌握的“分子手性体拆分”技术，拆分率只有 50%，达不到大于 70% 的技术要求，内因不成立，就是支撑项目成功的依据（外因 + 内因）不够充分。认定：项目带有技术风险。

“当事人”是这样决策的：总经理负责任地认为，虽然具备其他条件，但缺乏技术，盲目发展这个项目会给公司带来风险。在充分掌握符合条件的技术前，M 项目暂不适合推进。

实例 2，“当事人”是某案件的咨询律师

“当事人”目标：帮助 C 取得商铺承租权

预设环节（**步骤 1，表达指令。重点在“理解”**）：房东 A 把商铺租给 B，租赁期满，依合同“租赁期满 B 拥有同等条件优先承租权”的约定，B 决定继续经营。同期，A 与客户 C 达成租赁协议，C 支付了费用，致使目标商铺出现租赁权方面的纠纷。C 的律师了解情况后明白，要寻找出能够维护 C 权利的法律保护根源，这是支持 C 有机会取得承租权的核心点。

定位环节（**步骤 2，推理指令。重点在“选择”**）：为了能够让 C 取得商铺承租权，律师选择的法律依据是民法典“善意第三人”，以此作为支持 C 取得商铺承租权的切入点（外因）。

调研环节（**步骤 3，观察指令。重点在“分辨”**）：针对民法典“善意第三人”这个切入点，律师向 C 了解情况后，从 C 与 A 签订租赁合同的细节分辨出：C 是在不知情的情况下，与 A 进行交易的，并且交易是基于合法的手段和条件。C 的这个行为特征是解决问题的纽带。

评估环节（**步骤 4，分析指令。重点在“对比”**）：律师通过 C 的行为特征与民法典“善意第三人”进行对比，得出 C 符合“善意第三人”的法律保护条件：C 与 A 签订租赁合同时是善意的，因此 C 符合“善意第三人”的法律保护范围。这是 C 有机会赢取承租权的核心点（内因）。

审核环节（步骤 5，判断指令。重点在“认定”）：面对获得的依据（外因 + 内因），律师审核外因：民法典明确“善意第三人”需要保护。再审核内因：C 与 A 签订租赁合同时是善意的。构成依据的“外因 + 内因”无法否定，可以认定：“C 有机会赢取商铺承租权”这个观点能够成立。

“当事人”是这样引导的：律师负责任地对 C 说，双方的主张都有对应的法律支持，C 符合“善意第三人”的法律保护范围，通过法律手段，C 有机会赢取商铺承租权。

实例 3，“当事人”是小胡同学的数学老师

“当事人”目标：帮助小胡提高数学成绩

预设环节（步骤 1，表达指令。重点在“理解”）：数学老师发现小胡学习态度认真，有坚持温习、预习的学习习惯，课堂学习注意力也比较集中，但数学成绩上不来。数学老师认为，应该帮助小胡找出问题的症结，这是提高小胡数学成绩的核心点。

定位环节（步骤 2，推理指令。重点在“选择”）：为了有效提高小胡的数学成绩，数学老师选择的解决问题的切入点（外因），是小胡历来数学考试的“解题过程”。

调研环节（步骤 3，观察指令。重点在“分辨”）：针对“解题过程”这个切入点，数学老师从小胡的“解题过程”分辨出特征，小胡套路思维严重，遇到新题型，在建立解题目标、识别已知条件的关联性上时常失误，导致不能准确建立起相互关系，这些特征是构成小胡解题障碍的纽带。

评估环节（步骤 4，分析指令。重点在“对比”）：数学老师针对这些特征去识别共性，对比出，小胡数学成绩不理想的症结是识别已知条件的关联性能力薄弱，这通常源自在观察环节里逻辑分辨能力弱。强化小胡同学的逻辑观察力，是提高小胡数学成绩的核心点（内因）。

审核环节（步骤 5，判断指令。重点在“认定”）：面对依据（外因+内因），老师审核外因：“解题过程”很明显。再审核内因：小胡“逻辑分辨能力弱”的现象成立。构成依据的“外因+内因”无法否定，可以认定：需要强化小胡的逻辑观察力，才能从根源上提高小胡的数学成绩。

“当事人”是这样处理的：数学老师向家长解析了小胡的情况，提议家长对小胡进行逻辑启蒙，帮助小胡同学强化思维逻辑性，提高逻辑观察力，这是提高小胡数学成绩的有效途径。

题外话 逻辑思维流程的“双向性”

上面三个“当事人”处理事情的思路完全符合逻辑思维流程，反过来逻辑思维流程也能够引导脑力准确思考和解决问题，使得出的观点和决策富有信服力和说服力。这是逻辑思维流程引导脑力运动的“双向性”。

从业人员熟练“掌握+遵循”逻辑思维流程去思考问题，不论寻找或者构建逻辑关系，正如预期效果所述，思考问题的技术层面，思维有“步骤+方向+方法”，思考过程的个性层面，思维能“缜密+耐性+自信”。

《钥匙》劝学逻辑

启迪民智，幼子开始。
朋友笑说《钥匙》的风格十分苦口婆心，
《钥匙》团队说那是天下父母心。
《钥匙》项目不是让家长知道孩子需要启蒙，
而是配合家长对孩子进行有效启蒙。

人的大脑活跃性是天生的，但思维习惯不是，思维习惯决定了一个人的思维路径和思维竞争力。能够自我形成逻辑性思维习惯的小朋友，通常是学霸。《钥匙》，是一款辅助学员生成逻辑思维习惯的工具。

《钥匙》创作团队以逻辑思路作为学习能力的起跑线，将支撑逻辑思路的五大基础逻辑及其思维规则作为提升学习竞争力的五个起跑点，帮助学员树立逻辑思维模型，端正思维习惯，优化思维“能力＋质量”。

《钥匙》如同提升大脑运动质量的秘笈，无论昨天的“内功”怎样，今天掌握了让智慧发力的“招式”，明天这些“招式”就能够把隐藏的智慧“内功”有效发挥出来。《钥匙》说：不怕做不到，就怕不知道，知道不吃亏。

再次苦口婆心劝导：读书，需要有正确的思维习惯。
思维习惯不正确，读书十二年偏差十二年，结果，不言而喻。

50周逻辑启蒙训练

挑战 + 实战

以规则的不变，应对问题的万变

怎样补习才能“补”出预期效果

补习是希望提高学习能力，要达到这个目的就需要有准确的切入点。切入点是什么呢？影响学习能力的因素除了学习态度就是学习思路，倘若学习思路是补习的切入点，那么，学习思路里影响思维能力、质量的思维习惯，就是补习的核心点。

1. 要避免陷入补习旋涡

补习分为两种。

第一种，通过补习消除思维上的短板，提升脑力延伸技巧，建立遵循逻辑规则去思考问题的思维习惯，从根源上提升学习能力。特征：侧重辅助建立逻辑思路。

第二种，通过补习亦步亦趋衔接教学大纲，操练掌握按图索骥的能力和技巧，有明显的短期效果，特征：补习则成绩提升，不补习则成绩下滑。进入这种循环 – 陷入补习旋涡。

2. 怎样“补”出预期效果

上面两种补习“补”出不同的能力，前者侧重锤炼思维能力，后者侧重操练应试能力。在智力成型阶段，切莫为了眼前成绩陷入补习旋涡，产生学习依赖性，导致思维亦步亦趋善于模仿和复制，不善延伸和创新，形成这种思维习惯，会长远影响思维竞争力。

筛选补习，要注重补习手段的针对性，同时也要注重补习过程的启发性和系统性。重点：能够帮助建立逻辑思维习惯，能够暴露并消除思维短板，树立精准识别事物逻辑关系的能力。如此补习才能从根本上提升学习竞争力，“补”出预期效果。

怎样刷题才能“刷”出预期效果

B 同学家长听说“A 是学霸，A 坚持刷题”，认为坚持刷题 = 提高成绩，要求 B 也加量刷题。结果无论 B 怎样“刷”，还是无法达到预期。会这样，原因在于思路差异：A 拥有逻辑思路，刷题是锤炼思维延伸能力和技巧；B 缺乏逻辑思路，刷题是操练对接能力和积累经验。一个以思维优势应对问题，一个以储备优势对接问题，显然，前者比后者有更持续的竞争力。

1. 读书“难”，难在正思路

精准思考、解决任何问题，第 1 步肯定是理解题意，然后预设出解决这个问题的核心点；第 2 步是寻找关联性，选择解题切入点；第 3 步是识别关联性，分辨出切入点的特征，建立解题纽带；第 4 步是通过纽带，求出预设的核心点；第 5 步是审核、认定结果。通常解题遇到“难”题，也许是思维步骤错乱，也许是某个思维步骤脑力运动遇到堵塞，思维缺乏延伸能力。

2. 怎样“刷”出预期效果

上述五个思维环节构成的思维路径，是精准思考、解决问题的逻辑思路。努力刷题，无非是为了更高效、更精准地解决问题，通常期待“刷”出的效果是：“刷”出学习思路，“刷”出解题技巧。《钥匙》的针对性设计，就是为了帮助学子达到这个目的，学子遵循逻辑思维流程思考解题，能“刷”出逻辑思路，领悟融通 50 组难题的解题手段，能“刷”出脑力延伸技巧。

为什么会“偏科”？如何纠正“偏科”？

逻辑思路的功能

逻辑思路由五大基础逻辑组成，规范了脑力的思维运动。思考问题的思路吻合逻辑思路，脑力思维运动才能“有章可循 + 无往不利”。逻辑思路承担两大功能：一是引导脑力“寻找”事物之间的逻辑关系，二是引导脑力“构建”事物之间的逻辑关系。

数学与写作的思维特征

“寻找逻辑关系”侧重研究已知，形成有逻辑关系的依据，达到完成求知，这是数学思维特征；“构建逻辑关系”侧重发掘要素，形成有逻辑关系的依据，支持观点成立，这是写作思维特征。“寻找”与“构建”虽然取向不同，但“形成有逻辑关系的依据”过程相同。

理科与文科的思维过程

“寻找逻辑关系”的思维过程是：面对需要求知的问题➡预设核心点 + 选择切入点 + 建立起纽带 + 求出核心点➡识别出有逻辑关系的依据认定求知。这是理科学习、解题必经的思维过程。

“构建逻辑关系”的思维过程是：面对需要支持的观点➡预设核心点 + 选择切入点 + 建立起纽带 + 完善核心点➡组织出有逻辑关系的依据支持观点。这是文科演绎、写作必经的思维过程。

思维能力与思维技巧

文科、理科都需要遵循逻辑思维流程，才能准确寻找或者构建出逻辑关系，形成有说服力的依据。很显然，在思维的角度，文科、理科不存在思维能力的差异，只是为了达到不同的思维意图，在运用思维能力去“形成有逻辑关系的依据”的过程中需要采用不同的“思维技巧”。

逻辑关系与文理科潜力

科学家是理科属性，文学家是文科属性，这些专业人士逻辑思维能力都非常强。前者寻找逻辑关系技巧强，因此数理潜力强；后者构建逻辑关系技巧强，因此创作潜力大。擅长理科或文科的学子也会分别具有同样的特征。

“偏科”的产生

读书“偏科”的显象：文、理学科的成绩出现比较大的不均衡；内核：发挥知识潜力的技巧不均衡。由于学习过程受到“自信 + 荣誉”的驱动，学子会不由自主地倾向技巧更强、更容易获取“自信 + 荣誉”的科目，“倾向”的不断延续就产生“偏科”。

“偏科”的纠正

准确解决问题需要有技巧。技巧的形成有两个条件：一是具备处理这个问题的基础知识，二是“有步骤 + 有方向 + 有方法”精准灵活地运用这些基础知识。

如何纠正“偏科”？理论上：设法在处理文科或理科问题时，让自身的基础知识充分地发挥出来。行为上：如希望提高数学能力，借助《钥匙》挑战题和实战题，通过消除思维短板，训练脑力延伸，锤炼“寻找”逻辑关系的技巧；如希望提高写作能力，扫码进入小程序，通过解答逻辑题，培养精准识别能力和严谨组织能力，操练“构建”逻辑关系的技巧。

第一阶段启蒙目标：认知思维路径

第一阶段有10组题，要养成逻辑思维习惯，做题过程中必须按逻辑思维流程的步骤解题，并借助每个步骤对应的指令，引导思考问题的“方向＋方法”。由于“专心致志＋励精图治”，也许很快就能够让自己变得更聪明、更强大。提醒在校学员：记得要“现学现用＋活学活用”。

牢记和领悟思维的五个“秘诀”

掌握“以规则的不变，应对问题的万变”的思维能力

逻辑思维模型（思维习惯）

步骤1　步骤2　步骤3　步骤4　步骤5

步骤1表达逻辑，表达指令要求脑力重点放在“理解”。对外，通过展现依据，让别人理解你的结论。对内，方向：题目。方法：理解题意，领会“已知”，研究“求知”，预设出解题核心点（内因、内核）。

步骤2推理逻辑，推理指令要求脑力重点放在“选择”。方向：聚焦已知要素。方法：针对已知的外部“条件、行为或者现象”，选择出或者组合出关联性最强的要素，作为应选的解题切入点（外因、显象）。

步骤3观察逻辑，观察指令要求脑力重点放在“分辨”。方向：聚焦切入点。方法：分辨出切入点显性或隐性特征，或分辨出对切入点带有针对性补充的要素，确立出要点、公式、定律，作为解题的纽带。

步骤4分析逻辑，分析指令要求脑力重点放在“对比”。方向：聚焦纽带。方法：通过对比、计算或匹配，求出体现事物内在“意图、本质或根源”的要素，这个要素是解题的核心点（内因、内核）。

步骤5判断逻辑，判断指令要求脑力重点放在“认定”。方向：聚焦构成解题依据的切入点和核心点。方法：首先假定结论能够成立，如果支持结论的切入点和核心点无法否定，结论才能够肯定。

《钥匙》团队提倡的训练方法

学员先独立做题，为了高效率、高质量提高自己的逻辑思维能力，看解题时严格遵守以下方法：逐一看解题步骤，每一个步骤“确认 + 修正”自己在这个步骤的思维结果，领悟自己考虑到的或者疏忽的部分，然后再让指令引导下一个步骤的思维“方向 + 方法”。如此“一个步骤一番思考，一番思考一组领悟”，启蒙效果十分明显。

冲击《钥匙》的目标，加油

五个阶段的任何一个阶段，在十组题里面

独立解题得到 00—49 颗★，思维竞争力有望：前 50%。

独立解题得到 50—59 颗★，思维竞争力有望：前 40%。

独立解题得到 60—69 颗★，思维竞争力有望：前 30%。

独立解题得到 70—77 颗★，思维竞争力有望：前 20%。

独立解题得到 78—85 颗★，思维竞争力有望：前 10%。

独立解题得到 86—91 颗★，思维竞争力有望：前 5%。

独立解题得到 92—99 颗★，思维竞争力有望：前 1%。

一周一组，欲速不达，循序渐进，久习成性

争取在第一阶段回顾的时候，能够得到 60 颗★以上

挑战题 找规律 ★★★★★

根据下面三组数字，测试识别能力，你能写出第四组数字吗？

第一组：1 9 3 8 5 4 7 5 2 6　　第二组：6 2 5 7 4 5 8 3

第三组：3 5 4 7 5 6　　第四组：________

实战题 科目 1 考试 ★★★★★

1. 科目考试总共 100 题，每题 1 分，90 分过关。如果小力、小豆刚好过关，全部学员平均成绩将是 87 分，但结果是他们只拿到 83 分、85 分，最后平均成绩是 86 分。问：本次有多少学员参加考试？

A. 12　　B. 15　　C. 16　　D. 18

2. 科目考试总共 100 题，每题 1 分，90 分过关。考试没有过关的人数比过关人数多 3 人，没有过关学员的总分比过关学员的总分多 33 分，假如所有学员的总分是 1219 分。问：本次有多少学员参加考试？

A. 12　　B. 15　　C. 16　　D. 18

逻辑是思考问题的“导航仪”。

《钥匙》的每一题，都能帮助你开发出一组解决问题的思维路径。

做题看解题要“一个步骤 + 一番思考”，还要争取“一番思考 + 一组领悟”，既然辛辛苦苦努力做题，就要扎扎实实有所收获，一组题目一组灵感，积微成著，启蒙效果必然十分显著。

★表示思维难度，难度越高，★越多。

解题

挑战题

找规律 ★★★★★

步骤 1，表达指令重点在“理解”。方向：给出的题目。方法：理解题意，识别出解题核心点。通过研究求知，明确需要找出解题的核心点是“数字的变化规律”。提示：领悟和累积下面的思维模式，能够让你变得更加聪明。

步骤 2，推理指令重点在“选择”。方向：聚焦已知。方法：选择出关联性最强的解题切入点。为了找出关联性，选择把三组数字结合起来作为重点思考的解题切入点（外因）。

步骤 3，观察指令重点在“分辨”。方向：聚焦切入点。方法：分辨切入点特征，建立解题纽带。观察侧重“分辨”，直观发现：三组数字依次递减两个数。脑力锁定切入点，顺着“递减两个数”向前延伸：究竟减少了两个什么数字呢？马上能分辨出：后一组数字比前一组数字减少“最大 + 最小”两个数。这个特征是解题的纽带。

步骤 4，分析指令重点在“对比”。方向：聚焦纽带。方法：对比、计算或匹配，求出核心点。分析侧重“对比”，已知减少的是“最大 + 最小”两个数，现在脑力锁定在对比三组数：数字的不同排列隐藏着什么规律呢？脑力集中不分散，逐个对比就一定能够对比出：数字排列是逆向换位。这个数字的变化规律，是解题的核心点（内因）。

步骤 5，判断指令重点在“认定”。方向：外因和内因。方法：复核思维过程，确认依据准确。针对数字“354756”，进行“去大去小 + 逆向换位”，得出第四组数字：“6545”。

本题领悟重点：步骤 4，分析环节。遵从观察指令引导，脑力聚焦在分辨三组数字上，分辨出后组比前组递减最大最小的两个数这个特征后，在分析环节自然有信心，当注意力集中在逐一对比数字排列的三次变化上后，就能对比出数字“逆向换位”的规律，题可解。

《钥匙》团队把本题的解题“钥匙”隐藏在“数字的位置发生变化”里，目的是训练学员分析问题的对比能力，提高思维的宽度。只要学员解题时按指令引导思维的“方向 + 方法”，专心致志，必然能够顺藤摸瓜。思维竞争力之根源：总结经验 + 积累技巧 = 升华出逻辑思路。

实战题

题 1：用套路解题 ★

用套路解题的关键：准确理解题意，熟练使用公式。假定前面学员的总得分是 M，参加考试的学员总人数是 N，因为“小力、小豆刚好过关”，就有（M + 90 + 90）/N=87，“最后他们分别是 83 分、85 分”，也有（M + 83 + 85）/N=86，得出 N=12。本次参加考试的学员总人数是 12 人。答案：A。

题 2：用思路解题 ★★★★

步骤 1，表达指令重点在“理解”。方向：给出的题目。方法：理解题意，识别出解题核心点。领会已知，斟酌求知，预设“过关学员人数”，作为解题核心点。提示：塑造出具有逻辑性的思维习惯，能够让自身思维更加清晰和细致。

步骤 2，推理指令重点在“选择”。方向：聚焦已知。方法：选择出关联性最强的解题切入点。为了找出关联性，发现只有分数产生关联性。针对分数，解题“钥匙”肯定藏在“多 33 分和总分 1219”里，这是应选的解题切入点（外因）。

步骤 3，观察指令重点在“分辨”。方向：聚焦切入点，方法：分辨切入点的特征，建立解题纽带。观察侧重分辨，指令要求分辨切入点的特征。怎样分辨呢？脑力顺着切入点向前延伸：两组分数能够产生什么结果呢？对，能够求出过关学员和不过关学员的总分，得出过关学员的总分是：（1219 − 33）/2=593 分。这个特征是解题的纽带。

步骤 4，分析指令重点在“对比”。方向：聚焦纽带。方法：对比、计算或匹配，求出核心点。分析侧重对比，纽带是过关学员总分 593 分。怎样解题呢？遵循指令脑力锁定在对比纽带 ➡ 这个“593 分是如何构成的呢”？想到“90 分过关”，对比出：$6 \times 90 < 593 < 7 \times 90$，就是说 593 分只能满足 6 人过关，且必须有 6 人过关，这是解题核心点。

步骤 5，判断指令重点在“认定”。方向：外因和内因。方法：复核思维过程，确认依据准确。过关 6 人，不过关 6 + 3=9 人，有 15 位学员参加考核。答案：B。

本题领悟重点：步骤 3，步骤 4。观察环节“总分”无法分辨，就换个角度“把总分拆开”让它能够分辨，这样就能找到解题纽带。分析环节考验小朋友思维“延伸 + 想象”能力，要从“593 分”向前延伸至“593 分处于什么范围”，这是跨越维度的高素质思维能力“培养 + 训练”。

对照上述解题可以看出，当面对问题出现迷茫时，思路的优势是让思维有“方向 + 方法”进行延伸。有学员问：怎样区分套路、思路？其实这只是相对的两个概念，《钥匙》讲的套路通常是指课堂、课本教的思维模式，而思路是指遵循逻辑思维流程思考问题的思维模式。

题外话 《钥匙》重点放在“内五力”

综合竞争力划分为“内外十大力”，其中，“外五力”是“艺术 + 运动 + 社会 + 演绎 + 领导”能力。“内五力”是“推理 + 观察 + 分析 + 想象 + 组织”能力。这十大能力，是有机会参与高水平竞争的“本钱”。

“内外十大力”是顶级名校择取优质学生、判断是否给予奖学金的标准，“内外十大力”的综合指数永远是名校、企业的关注重点。

十大力的每种“力”都有其侧重点，比如“外五力”的领导力侧重主动、责任等，“内五力”的推理、观察力侧重选择、分辨等。虽然十大力在功能上各有分工，但培养、应用过程“相辅相成 + 相得益彰”。《钥匙》将重点放在训练和培养学员的“内五力”上。

挑战题 歌唱比赛排名 ★★★★

有五个小朋友 A、B、C、D、E 参加歌唱决赛，比赛结束后评委是这样说的：A 不是第一名，B 既不是第一名也不是最后一名，C 的名次紧随 A，D 不是第二名，E 在 D 的后面隔一位。

现在运用识别能力，你能分出歌唱比赛的排名吗？

实战题 维修高速 ★★★★★★

1. 工人维修高速公路，如果工人每天修 300 米会提前一天完工，如果每天修 360 米会提前两天完工，你能算出维修长度是多少米吗？

A. 1200　　B. 1440　　C. 1560　　D. 1800

2. 工人维修高速公路，如果每天比计划少修 120 米会逾期两天，如果每天比计划多修 120 米会提前一天，你能算出维修长度是多少米吗？

A. 1200　　B. 1440　　C. 1560　　D. 1800

逻辑“指令”带有强烈的提醒功能：

在这个步骤需要思考什么，在这个步骤需要怎样思考。

比如解题前，阅读题意侧重“理解”是：通过“求知”建立解题目标；解题过程，阅读题意侧重“分辨 + 对比”是：通过对“已知”进行多个“角度”的发掘和延伸，角度正确了，解题的灵光一闪就来了。

解题

挑战题

歌唱比赛排名 ★★★★

步骤 1，表达指令重点在“理解”。方向：给出的题目。方法：理解题意，识别出解题核心点。根据“求知”的引导，延伸出：需要找出解题的核心点是“他们的排列关系”。提醒：领悟下面的思维模式，能让得出的观点更有信服力和说服力。

步骤 2，推理指令重点在“选择”。方向：聚焦已知。方法：选择出关联性最强的解题切入点。为了找出关联性，“E 在 D 的后面隔一位”信息量大，是应选的作为重点思考的解题切入点（外因）。

步骤 3，观察指令重点在“分辨”。方向：聚焦切入点。方法：分辨切入点特征，建立解题纽带。观察侧重“分辨”，注意力集中在切入点，结合“D 不是第二名”，得出 D、E 只能是第一、第三或者第三、第五。分辨出第三肯定是 D 或 E，这个特征是解题的纽带。

步骤 4，分析指令重点在“对比”。方向：聚焦纽带。方法：对比、计算或匹配，求出核心点。分析侧重“对比”，根据“第三肯定是 D 或 E”这条纽带，对比“C 的名次紧随 A”，以及“A 不是第一名”，识别出 A、C 不可能是第二、第三和第三、第四，只能是第四、第五，对比出唯一结果：A 第四、C 第五。这个排列关系就是需要寻找的解题核心点（内因）。

步骤 5，判断指令重点在“认定”。方向：外因和内因。方法：复核思维过程，确认依据准确。参照核心点得出：D 第一，E 第三，B 第二。排名是：D ➡ B ➡ E ➡ A ➡ C。

本题领悟重点：步骤 1，表达环节。在步骤 1，需要为脑力设计出“运动大纲”：找到什么关键点，就能成功解题。有些人解题时，急忙去研究已知要素；有些人解题首先去研究“求知”。正确的解题技巧是恪守“逻辑思维流程”，步骤 1 是在明白题目内容后，重点放在研究“求知”，直到研究出解题需要找出的核心点。比如本题，核心点是找出“他们的排列关系”。

应该怎样去“理解题意”

先回顾逻辑思路的特征：**脑力思考问题时，如果遇到多元、叠加的复杂问题，前组“思路”的结果将成为后组“思路”的材料或目标。**这里说的前组思路的“结果”，形成这个“结果”的过程就是“理解题意”，“结果”将成为后组“思路”的目标，目标就是解题需求的“核心点”。

所以小朋友读书学习，特别是面对高要求的考试，“准确理解题意＋准确设定解题核心点”是成功解题的首要环节。那么怎样才算理解题意呢？不难，首先完全读懂题目的每个已知细节，重点要研究“求知”，再从“求知”里面找出需要什么，就能成功解题。

如本题“已知”是“五句话”，“求知”是“排名”。先不要把重点放在“五句话”，而是先要研究“如何才能排名”，如果重点放在前者，同等时间通常会输给后者。当清楚要“找出排列关系突破口”，此时再去识别“已知”，通过关联性马上能找到“E 在 D 的后面隔一位”这个切入点。

实战题

题 1：用套路解题 ★★

用套路解题的关键：准确理解题意，熟练使用公式。假设原计划维修时间是 M 天，每天修 300 米的总长度为 300×（M－1），每天修 360 米的总长度为 360×（M－2）。300×（M－1）=360×（M－2），求出：M=7。维修长度：300×（7－1）=1800 米。答案：D。

题 2：用思路解题 ★★★★

步骤 1，表达指令重点在“理解”。方向：给出的题目。方法：理解题意，识别出解题核心点。需要找出“计划的维修天数或长度”。假定原计划维修天数是“A”，原计划每天维修长度是“B”。提示：越早培养学会用“假定”越好，这对提高空间思维能力大有帮助。

步骤 2，推理指令重点在“选择”。方向：聚焦已知。方法：选择出关联性最强的解题切入点。为了找出关联性，发现：每天比计划少修 120 米会逾期 2 天；每天比计划多修 120 米会提前 1 天。这两个条件结合起来信息量大，是应选的解题切入点（外因）。

步骤 3，观察指令重点在“分辨”。方向：聚焦切入点。方法：分辨切入点特征，建立解题纽带。观察侧重“分辨”，脑力聚焦切入点，从“逾期 2 天”向前延伸：逾期 2 天就是要多修 2 天，那欠缺的工程量是：2×（B－120）=120×A。同理，从“提前 1 天”向前延伸，提前完成的工程量是：1×B =120×（A－1）。这两个特征是解题纽带。

步骤 4，分析指令重点在“对比”。方向：聚焦纽带。方法：对比、计算或匹配，求出核心点。分析侧重“对比”，通过纽带不难计算出：计划天数 A=4 天，计划每天维修长度 B=360 米，这个“计划的维修天数和长度”是解题的核心点（内因）。

步骤 5，判断指令重点在“认定”。方向：外因和内因。方法：复核思维过程，确认依据准确。根据得出的核心点，求得高速公路维修的长度：4×360=1440 米。答案：B。

本题领悟重点：步骤 3，观察环节。本题“考验 + 塑造”学员思维的延伸能力（想象力），在步骤 3，脑力遵循“指令”引导，从“逾期 2 天”要延伸出逾期 2 天与每天少修 120 米的关系。

延伸的技巧：顺着“逾期 2 天”，无非只有两个选择：它是怎样产生的？它会导致什么结果？很明显，《钥匙》团队把解题“钥匙”隐藏在“逾期 2 天”里，目的是锻炼小朋友的思维延伸能力。做完题要坚持“回顾 + 领悟”，这对掌握“逻辑思维流程”和“怎样延伸”十分有益。

题外话 老师为什么要备课？

逻辑性是一条相互交流的通道，比如上课学习，学生思考问题具有逻辑性，代表吸收老师的授课也具有逻辑性。老师为什么要备课？核心原因肯定离不开确保授课内容（过程）具有逻辑性。

学生带着逻辑性听取老师遵循逻辑性的授课，“授 + 受”有对接通道必然是接受能力强。如果小朋友的逻辑性既体现在接受能力，也体现在解题能力，这就是逻辑能力强的体现，就是学霸的特征。

挑战题 需要帮忙 ★★★★★

逻辑训练不吃亏，在关键时候，能解决问题的英雄可能就是你。下面有四组保险箱密码，警察只发现两组完整密码，其余两组有部分残缺，第一组：36954，第二组：24 □□ 3，第三组：52716，第四组：1 □□ 32。警察需要帮忙，你可以修复残缺的两组密码吗？

实战题 帮小胡看铺 ★★★★★

1. Elaine 外出 M 天，请我帮他看铺，其间我休息一天。Elaine 说：“这批鸡蛋，如果你每个工作日卖出 18 盒剩余鸡蛋的数量，会比每个工作日卖出 20 盒剩余鸡蛋的数量要多出 16 盒。”M 天是多少天？

A. 8　　B. 9　　C. 10　　D. 11

2. Elaine 外出 M 天，请我帮他看铺，其间我休息一天。Elaine 说：“这批鸡蛋，如果 M 天总共售出 $4 \times M$ 盒，我回来时剩余 12 盒，如果你每个工作日售出 4 盒，吃掉半盒，我回来时同样剩余 12 盒。”M 天是多少天？

A. 8　　B. 9　　C. 10　　D. 11

思考，完成五个“步骤”之后，

进入“验证”或者“修正”思路，注意领悟“步骤 + 方向 + 方法”。

《钥匙》团队鼓励学员：边学边用，活学活用。越早“熟练掌握 + 懂得应用”逻辑思路，越早拥有思维“逻辑性 + 竞争力”。

解题

挑战题

需要帮忙 ★★★★★

步骤 1，表达指令重点在“理解”。方向：给出的题目。方法：理解题意，识别出解题核心点。要破解密码，就要找出“数字排列的规律”。《钥匙》的难题需要应用（也同步操练）“逻辑思路”去解题，“难”肯定不是难在“有没有学过”，而是难在“有没有思路”。

步骤 2，推理指令重点在“选择”。方向：聚焦已知。方法：选择出关联性最强的解题切入点。为了找出关联性，应选完整的两组数字：36954、52716，作为解题切入点。

步骤 3，观察指令重点在“分辨”。方向：聚焦切入点。方法：分辨切入点的特征，建立解题纽带。观察侧重“分辨”，脑力被“指令”锁定在“分辨特征”，直观看不出特征，尝试从数字向前延伸，换个形式看看，把两组数字拆散为 3、6、9、5、4 和 5、2、7、1、6，脑力聚焦在拆散后的数字，不难分辨出“3 + 6=9=5 + 4”，“2 + 5=7=1 + 6”，这个特征是解题的纽带。

步骤 4，分析指令重点在“对比”。方向：聚焦纽带。方法：对比、计算或者匹配，求出核心点。分析侧重“对比”，对比纽带，注意力集中，就能识别出规律：数字组合里面，中间的数字等于前后两个数字的“相加”，这个“数字排列规律”是解题的核心点（内因）。

步骤 5，判断指令重点在“认定”。方向：外因和内因。方法：复核思维过程，确认依据准确。根据核心点，参照不完整密码的两组数字：24 □□ 3 和 1 □□ 32，分别得出：24 □□ 3 是 2 + 4=6=3 + 3，1 □□ 32 是 1 + 4=5=3 + 2。答案：24 □□ 3=24633，1 □□ 32=14532。

本题领悟重点：步骤 3，观察环节。本题训练小朋友对数字的敏感性，比如当面对几组数字时，延伸通常不是“加减乘除”，就是把数字拆开。要清楚：延伸是为了换一个角度或形式去分辨切入点。小朋友要注重培养善于扩大思维的空间，这是培养想象力、创造力的基础。

小朋友做题都有这样的体会：当难以分辨切入点的特征时，不知道脑力该如何延伸。事实上，延伸既需要想象力，也培养想象力。培养这些能力与培养“正确之中选准确”异曲同工，如果希望“验证 + 培养”脑力延伸或者“正确之中选准确”的精准能力，可以登录小程序，通过逻辑题进行系统性的训练。

实战题

题 1：用套路解题 ★

用套路解题的关键：准确理解题意，熟练使用公式。根据已知可得（20 − 18）× 工作天数 =16，马上算出工作天数 =8 天，其间休息 1 天，M 天是 8 + 1=9 天。答案：B。

题 2：用思路解题 ★★★★

步骤 1，表达指令重点在“理解”。方向：给出的题目。方法：理解题意，识别出解题核心点。通过研究“求知”，识别出需要找出的核心点是“实际工作天数”。提示：每一题都有线索可寻，每一题都塑造一组解题思路。

步骤 2，推理指令重点在“选择”。方向：聚焦已知。方法：选择出关联性最强的解题切入点。为了找出关联性，识别出“每个工作天售出 4 盒，吃掉半盒”，里面包含“隐性”关联性，是应选的解题切入点（外因）。

步骤 3，观察指令重点在“分辨”。方向：聚焦切入点。方法：分辨切入点特征建立解题纽带。观察侧重“分辨”，注意力锁定在“分辨特征”，脑力顺着“每个工作天售出 4 盒，吃掉半盒”向前延伸：售与吃会产生什么关系呢？怎样才会出现“同样剩余 12 盒”的结果呢？慢慢思考出：吃掉鸡蛋的数量 = 休息一天缺少的销售量，这个特征是解题的纽带。

步骤 4，分析指令重点在“对比”。方向：聚焦纽带。方法：对比、计算或者匹配，求出内因。分析侧重“对比”，4（盒）= 工作天数 /2，工作天数 =8 天，这是解题核心点（内因）。

步骤 5，判断指令重点在“认定”。方向：外因和内因。方法：复核思维过程，确认依据准确。8 天加休息 1 天，得出：M 天 =8 + 1=9 天。答案：B。

本题领悟重点：步骤 3，观察环节。在观察环节，由于两种方式都是“剩余 12 盒”，要从切入点向前延伸：鸡蛋是怎样减少的呢？第一种源自“销售”，第二种源自“销售 + 吃掉”，这样就能得出“都是 12 盒”的特征：“工作天吃掉的鸡蛋量 = 休息一天缺少的销售量”。很显然，《钥匙》团队把解题“钥匙”隐藏在吃掉半盒里，目的是考验小朋友的分辨能力。

第 3 周

题外话 学习竞争力的“起跑点”在哪里?

家长都有一个观念：孩子不能输在起跑线上。那么问题来了：什么才是孩子起跑线的起跑点呢？前面说的十大力，是孩子的起跑点吗？宏观来讲是，微观来讲不是。

比如领导力，孩子上大学、求职的时候，它是申请好学校、好岗位的起跑点。当培养孩子领导力的时候，起跑点要放在领导力对应的五个属性：主动性、服从性、责任心、荣誉感、有魄力上。

要取得好成绩，学习竞争力的起跑点又在哪里呢？读书要取得好成绩，其中必备的是正确的学习思路，所以取得好成绩的起跑点，是构成思路的五个逻辑思维环节，及其对应的逻辑思维“步骤 + 指令”。

挑战题 他们谁是谁

★★★★★

几十年后相遇的四位同学甲、乙、丙、丁，分别是刘仔、阿关、老胡、小邓。模样都变了，当问他们谁是谁的时候，甲说“乙不是阿关”，乙说“丙是刘仔”，丙说“丁不是小邓”，丁说“丙说得不对，我是阿关”。

已知他们四个人之中只有刘仔说真话。我运用我的逻辑能力，成功识别出他们谁是谁。你也可以吗，那他们谁是谁呢？

实战题 集资搞活动

★★★★★

1. 同学 6 人以整数“x 元”集资活动，看电影每人花 28 元，6 人午饭共花 165 元，再买些小礼品后，余款刚好是 2 份集资款，想再看同价电影不够，再吃同价的饭有余。问：每人相同的集资款是多少元？

A. 75　　B. 83　　C. 102　　D. 111

2. 同学 6 人以整数“x 元”集资活动，看电影每人花 28 元，6 人午饭共花 165 元，3 个男生出 3 份“男生钱”，3 个女生出 3 份“女生钱”，剩余的钱刚好是 6 份“女生钱”。问：每份“男生钱”最少是多少元？

A. 75　　B. 83　　C. 102　　D. 111

逻辑能让你拥有解决问题的“钥匙”。

每道难题，都有机会让你从百思不解之中收获一组思维秘钥。

《钥匙》设计的题目重点不是为了教数学，而是培养思维延伸能力。解题过程中，不仅需要想象力，也同步培养想象力。

解题

挑战题

他们谁是谁 ★★★★★

步骤 1，表达指令重点在“理解”。方向：题目。方法：通过理解题意，已知条件是互为制约关系，最适合用判断指令，通过假定核心点（内因），去解决问题最有效。

步骤 2，判断指令重点在“认定”。方向：已知的制约关系。方法：先假定出一个核心点，检查结论是否成立，如果得出的结论无法否定，才能肯定假定的核心点正确。

方向是四句话。方法是：依照指令，分别假定出谁说真话，通过制约关系逐一排他。

（1）假如乙说真话，那么乙是刘仔，这与他说的“丙是刘仔”矛盾，否定。

（2）假如丙说真话，丙是刘仔，这样乙说的“丙是刘仔”也是真话，否定。

（3）假如丁说真话，丁是刘仔，这与他说的“我是阿关”相互矛盾，否定。

（4）假如甲说真话，那么甲是刘仔，丁是小邓，丙是阿关，乙就是老胡。观点无法否定，得以肯定，结论：甲是刘仔，乙是老胡，丙是阿关，丁是小邓。

应用判断指令解题的目的是训练小朋友的判断技巧，培养小朋友使用假定去寻找真相的能力，这种识别事物、甄别细节的方法和技巧是小朋友应该拥有的排他能力。

现实生活与解数学题不同，很多时候，掌握的资料和信息不存在数理关系，只存在逻辑关系，这种情况需要通过排他手段识别出结果，排他手段通常如下。

已知条件是互为对等关系，适合用推理流程去选择切入点，找出关联性。

已知条件是互为纽带关系，适合用观察流程去分辨事物，找出关联特征。

已知条件是互为制约关系，适合用判断流程通过假定核心点，寻找真相。

逻辑也好，思路也罢，都貌似“高大上”，当你掌握了它们后会发现，它们无非是一种简单的思维习惯。当形成逻辑性的思维习惯，思考问题、解决问题就是“步骤 + 指令”的流水作业。

实战题

实战题 1：用套路解题 ★

用套路解题的关键：准确理解题意，熟练使用公式。看同价的电影需要 6×28=168 元，吃同样饭需要 165 元，168＋165=333，“333”往下最接近被“2”整数除的只有“332”，332/2=166，166/2=83。答案：B。

实战题 2：用思路解题 ★★★★

步骤 1，表达指令重点在“理解”。方向：给出的题目。方法：理解题意，识别出解题核心点。预设解题核心点是：需要寻找出“男生钱”和“女生钱”的关系，才能知道每份“男生钱”最少是多少元。

步骤 2，推理指令重点在“选择”。方向：聚焦已知。方法：选择出关联性最强的解题切入点。为了找出关联性，剩余的钱刚好是 6 份“女生钱”，是应选的作为重点思考的解题切入点（外因）。

步骤 3，观察指令重点在“分辨”。方向：聚焦切入点。方法：分辨切入点特征，建立解题纽带。观察侧重“分辨”，分辨切入点得出：3×“男生钱”＋3×“女生钱”=6×28＋165＋6×“女生钱”，简化成为：1 份“男生钱”=1 份“女生钱”＋111，这是解题的纽带。

步骤 4，分析指令重点在“对比”。方向：聚焦纽带。方法：对比、计算或匹配，求出核心点。分析侧重“对比”，怎样对比呢？脑力针对：1 份“男生钱”=1 份“女生钱”＋111。向前延伸再去理解题意：“最少”的含义是什么呢？这样就有机会发现“最少”的特定含义是：当“女生钱”=0 时，“男生钱”最少。这是解题的核心点（内因）。

步骤 5，判断指令重点在“认定”。方向：外因和内因。方法：复核思维过程，确认依据准确。得出：每份“男生钱”最少是 111 元。答案：D。

本题领悟重点：步骤 4，分析环节。创作团队出题的目的不是寻求“难度”，而是需要有“代表性”。本题能否成功解题，是当出现“1 份男生钱 =1 份女生钱＋111”的时候，需要理解“最少”的含义，“最少”是一个隐性的已知条件。本题考验和培训学员“精密性＋想象力”。

做完题记得对比一下：

题 1 套路与题 2 思路的解题方法有什么不同。

《钥匙》：劝学逻辑。写字需要一支笔，笔是写字的工具；读书需要逻辑思路，逻辑思路是取得好成绩的工具。逻辑思路是思考问题的路径，培养逻辑思路同样需要有工具。《钥匙》以逻辑思维能力作为起跑线，以逻辑思维流程的“步骤 + 指令”作为起跑点，是培养学习竞争力的工具。

题外话 你也经常听到这样的说法吗？

经常听家长说“孩子学习成绩不好，是孩子不够努力用功”，很少听家长说“孩子成绩不好，是孩子缺乏逻辑思维能力”。你也认为“努力 + 用功”可以代替思维能力吗？

理科的解题能力在于寻找事物之间的逻辑关系，源自五个逻辑对应的识别能力，即“理解 + 选择 + 分辨 + 对比 + 认定”能力。按思维顺序，这些能力既独立又有关联，依次发挥作用，是取得好成绩的必备能力。

五个逻辑依次有序组合起来的思维流水线，是体现学习能力的逻辑思路，逻辑思路的形成没有捷径，除了自我形成，唯一途径是来自启蒙，重点在：对逻辑思维流程的“领悟 + 应用”。

事实上，学习态度只是学习成绩的方向盘，逻辑思路才是学习能力的发动机。如果思维习惯、逻辑思路有偏差，就算有好的学习态度，也只能靠笨鸟先飞、勤能补拙、强记套路去补充思路的不足。不是说套路不好，但其缺乏指令引导思维“方向 + 方法”，应变能力、延伸能力确实弱于思路。

挑战题 老师的扑克牌

★★★★★

已知老师有 16 张扑克牌：红桃 A、3、5、6，黑桃 J、8、4、7，草花 J、4、7、9，方块 A、8、3、2。老师让小力和小豆记住这些牌。然后告诉小力一张牌的“数字”，告诉小豆同一张牌的“花色”。

老师依次问小力和小豆：“你知道这张是什么牌吗”？小力说：“不知道。”小豆说：“我也不知道。”小力接着说：“我还是不知道。”小豆开心地说：“现在我知道了。”老师露出满意的微笑。那么你知道这张是什么牌吗?

实战题 安装放映厅

★★★★★

1. 两个相同的放映厅安装设备，如果小刘、小胡、小邓独立安装一个分别要 20、30、36 小时，现在小刘、小胡联手安装一个，小邓独立安装一个，小刘、小胡完工后再帮助小邓。问：总安装时间需要多少个小时?

A. 12　　B. 16　　C. 18　　D. 20

2. 两个相同的放映厅安装设备，小刘、小胡独立安装一个分别需要 15、20 小时，为了提高安装速度，小邓两边帮忙，最后两个放映厅以 12 小时同时完成安装，问：小邓独立安装一个需要多少个小时?

A. 12　　B. 16　　C. 18　　D. 20

解题

挑战题

老师的扑克牌 ★★★★★

步骤 1，表达指令重点在“理解”。方向：面对题目。方法：通过理解题意，已知条件是互为纽带关系，解题最适合用观察指令，通过分辨已知的关联性分辨出特征。

步骤 2，观察指令重点在“分辨”。方向：关联性。方法：分辨事物的关联特征，或分辨出对事物关联性带有补充的要素，确认出公式、要点或定律，形成解题纽带。

观察侧重“分辨”，重点在于分辨已知要素的特征。

（1）小力说“不知道”。小力知道“数字”（与数字有“纽带”关系），现在可以排除具有唯一性的数字和字母，分辨出剩余部分是：红桃 3，黑桃 8、4、7，草花 4、7，方块 8、3。

（2）小豆说“我也不知道”。小豆是知道“花色”（与花色有“纽带”关系），这样可以排除颜色唯一性的“红桃”。分辨出剩余部分是：黑桃 8、4、7，草花 4、7，方块 8、3。

（3）小力接着说“我还是不知道”。同理，这样就排除了具有数字唯一性的“方块 3”，分辨出剩余的扑克牌是：黑桃 8、4、7，草花 4、7、方块 8。

（4）小豆开心地说“现在我知道了”。同理，答案是具有“花色”唯一性的：“方块 8”。

本题领悟重点：观察技巧。本题训练小朋友的观察能力，训练观察过程：如何把握事物的关联性进行排他。比如，针对小力说的话，要注重数字；针对小豆说的话，要注重花色，这是本题的训练重点。

不要害怕难题，很多问题难就难在思路。要相信自己的知识水平，只要每周坚持做题，持续“训练 + 领悟”，日积月累，建立起逻辑思路，就是建立起解决复杂问题的思维“流水线”。谁能够解决别人认为的“难题”，谁就获得了脱颖而出的机会。

实战题

题 1：用套路解题 ★★

（1）套路解法。小刘、小胡完工的时间是 M：1=M×（1/20 + 1/30），求出 M=12。12 小时小邓的完工量是 12×1/36=1/3，余下 2/3 工作量合作时间是 N：2/3=N×（1/20 + 1/30 + 1/36），N=6。总安装时间：M + N=18 小时。（2）思路解法：理解题意研究“求知”，得出工作终归是由三人共同完成，直接计算：2= 时间 ×（1/20 + 1/30 + 1/36），总安装时间是 18 小时。答案：C。

很显然，套路解题可以得出答案，但思路解题更聪明。这就是《钥匙》旨在“树立 + 培养”学员掌握逻辑思维流程的核心目的。

题 2：用思路解题 ★★★

步骤 1，表达指令重点在“理解”。方向：给出的题目。方法：理解题意，识别出解题核心点。研究求知，识别出需要找出小邓的工作效率，或者小邓与小刘、小胡的合作时间，这是解题的核心点。先假定小邓的工作效率是 A，小邓与小刘的合作时间是 B。

步骤 2，推理指令重点在“选择”。方向：聚焦已知。方法：选择出关联性最强的解题切入点。为了找出关联性，识别出“两个放映厅以同样的 12 小时完成安装”，这里面明显带有关联信息，是应选的解题切入点（外因）。

步骤 3，观察指令重点在“分辨”。方向：聚焦切入点。方法：分辨切入点特征，建立解题纽带。观察侧重“分辨”，脑力聚焦切入点向前延伸：小邓的时间是怎样分配的呢？把小邓的 12 小时分成 2 份，这样就能分辨出：小邓与小刘的合作时间是 B，小邓与小胡的合作时间就是 12 – B，根据三人的工作效率：小刘 =1/15，小胡 =1/20，小邓 =A，分别得出两个放映厅的安装时间：1=12×1/15 + A×B，1=12×1/20 + A×（12 – B），这是解题的纽带。

步骤 4，分析指令重点在“对比”。方向：聚焦纽带。方法：对比、计算或匹配，求出核心点。分析侧重“对比”，不难解得：A=1/20，B=4。这是解题的核心点（内因）。

步骤 5，判断指令重点在“认定”。方向：外因和内因。方法：复核思维过程，确认依据准确。小邓的工作效率是 1/20，代表如果由小邓独立安装，他的安装时间是 20 个小时。答案：D。

本题领悟重点：题 1、题 2 的解题手段。题目的设计目的，是让学员直观比较套路、思路的不同思维特点。在套路思维里，题 1、题 2 是两种不同题型，解题需要有与之“匹配”的储备。在思路思维里，解题的手段与题型没有关系，都是按“思维规则”去解题，解题效果在于：是否正确掌握逻辑思维的“步骤 + 指令”。很显然，套路解题的应变能力相对较弱。

题外话 知道不吃亏

每个孩子的天赋是恒定的，但智慧是可变的。天赋仅代表脑力活跃度，智慧却来自思维的逻辑性，小朋友需要进行逻辑启蒙，不怕做不到，就怕不知道，知道不吃亏。

老天爷赐予天赋，都要经历“十月怀胎”，对决定孩子智慧的起跑点逻辑能力进行孵化式的认知和启蒙一年两年不算长。重复提醒：世界大同，儿女辉煌始于足下；天地差异，父母睿智取舍之中。

与其说《钥匙》是一本书，不如说它是逻辑思维能力的训练项目，它充当对小朋友逻辑启蒙的工具，小朋友“操练 + 领悟”解题的过程，就是使用工具磨砺思维能力的过程。这个过程让小朋友从大惑不解达到恍然大悟，结果就是思维能力得到启蒙。

挑战题 帮忙区别一下 ★★★★

小豆、小力、小浩三个小男孩去买衣物，各买一顶帽子、一件运动衣和一条毛巾，三种物品有三种图案：老虎、飞鹰和青蛙，他们有个默契：同款的衣物每人图案不同，同一个人三件衣物分三种图案。

已知：小浩的运动衣有只老虎，小豆的帽子没有青蛙，小力的运动衣与小浩的毛巾图案一样。问：他们三人帽子、运动衣、毛巾的图案是什么？

实战题 鹅和羊 ★★★★★★

1. 鸡、鸭、鹅、羊和兔子共 83 只，其中鸡、鸭、鹅相加等于鹅、羊、兔相加，鸡比羊多 6 只，兔子比鸡和鹅都多 5 只，鸭子有多少只？

A. 11　　B. 16　　C. 21　　D. 33

2. 鹅和羊的腿共有 AB 条，A、B 各代表 1—9 的一个不同数字，如果把鹅和羊的数量互换，腿的总数变成 BA 条。问：“鹅 + 羊”最少有多少只？

A. 11　　B. 16　　C. 21　　D. 33

创作团队善意提醒：

现在疏于“补脑”，将来忙于补习。

如果认为遇到难题，要先审核思考问题的步骤，再针对指令引导的方向，审核思维延伸的方法，只要“不懈 + 信心”就有机会成功。

解题

挑战题

帮忙区别一下 ★★★★

步骤 1，表达指令重点在“理解”。方向：题目。方法：通过理解题意，已知条件是互为制约关系，最适合用判断指令，通过假定核心点（内因）去解决问题最有效。

步骤 2，判断指令重点在“认定”。方向：已知的制约关系。方法：先假定出一个核心点，检查结论是否成立，得出的结论无法否定，才能肯定假定的核心点正确。

（1）先假定小浩的毛巾图案是青蛙，就有小浩的帽子 = 飞鹰，运动衣 = 老虎，毛巾 = 青蛙。得出小力的帽子 = ？运动衣 = 青蛙，毛巾 = ？由于“小豆帽子没有青蛙”，现在得出小力的帽子 = 青蛙，运动衣 = 青蛙，毛巾 = 老虎，小力的帽子和运动衣都是“青蛙”，“小浩的毛巾图案是青蛙”这个假设不成立。

（2）再假定小浩的毛巾图案是飞鹰，就有小浩的帽子 = 青蛙，运动衣 = 老虎，毛巾 = 飞鹰。得出小力的帽子 = ？运动衣 = 飞鹰，毛巾 = ？这样小豆的飞鹰就是帽子，得出小豆的帽子 = 飞鹰，运动衣 = ？毛巾 = ？这样就可知小力的帽子是老虎，得出小力的帽子 = 老虎，运动衣 = 飞鹰，毛巾 = 青蛙。答案是：

小浩：帽子 = 青蛙，运动衣 = 老虎，毛巾 = 飞鹰。

小力：帽子 = 老虎，运动衣 = 飞鹰，毛巾 = 青蛙。

小豆：帽子 = 飞鹰，运动衣 = 青蛙，毛巾 = 老虎。

本题领悟重点：判断技巧。每个人的经历、兴趣、受教育程度等不同，养成的思维习惯也就不同。思维习惯不同，思维的“步骤 + 指令”就不同，思考同一个问题便会出现不同的质量和结果。

只要有耐心，遵循判断指令的“方向 + 方法”去思考，解题就不难。本题“考验 + 训练”学员必备的“排他”能力。培养“排他”能力，需要“工具”进行一定“数量 + 时间”的操练方可形成，掌握了“排他”的思维模式及对应的识别技巧，就具备了“排他”能力。

实战题

题 1：用套路解题 ★

用套路解题的关键：准确理解题意。由于：鸡＋鸭＋鹅＝鹅＋羊＋兔，得出：鸡＋鸭＝羊＋兔。已知：鸡＝羊＋6，得出：鸭＝兔－6，根据：鸡＝鹅＝兔－5，羊＝兔－11，结合：鸡＋鸭＋鹅＋羊＋兔=83，代入得出：5×兔=110，兔=22，鸭＝兔－6=16，得出：鸭子有16只。答案：B。

题 2：用思路解题 ★★★★★

步骤1，表达指令重点在"理解"。方向：给出的题目。方法：理解题意，识别出解题核心点。预设的解题核心点，是需要找出"AB、BA与数字"的关系，或者互换前后"鹅、羊与数字"的关系。提示：《钥匙》的题目不是难在"有没有知识水平"，而是难在"有没有正确的解题思路"。

步骤2，推理指令重点在"选择"。方向：聚焦已知。方法：选择出关联性最强的解题切入点。为了找出关联性，首先选择的切入点通常是AB、BA，但AB、BA很难突破，那怎么办？困则变。另外一个已知条件是"鹅、羊"带有动物属性，应选"鹅、羊"作为切入点（外因）。

步骤3，观察指令重点在"分辨"。方向：聚焦切入点。方法：分辨切入点特征，建立解题纽带。观察侧重"分辨"，脑力锁定并顺着"鹅、羊"向前延伸，发现它们的属性：鹅是2条腿，羊是4条腿。那么A、B必然是2、4、6、8的其中两个。因为是选择"最少"的总数，分辨出"最少"的组合有可能来自24与42、26与62、28与82，这个特征是解题纽带。

步骤4，分析指令重点在"对比"。方向：聚焦纽带。方法：对比、计算或匹配，求出核心点。分析侧重"对比"，根据纽带的三种组合，首先计算"24与42"。互换前，24条腿＝"2×鹅的数量＋4×羊的数量"，互换后，42条腿＝"4×鹅的数量＋2×羊的数量"。得出：当"24条腿"时，鹅是10只，羊是1只，当"42条腿"时，鹅是1只，羊是10只，这是解题的核心点（内因）。

步骤5，判断指令重点在"认定"。方向：外因和内因。方法：复核思维过程，确认依据准确。依据无法否定，因为是要求选择"鹅＋羊"最少有多少只，其他的鹅和羊的比例肯定高于"24与42"的组合，由此得出：羊和鹅的总数最少是11只。答案：A。

第6周

怎样提高选择切入点的能力？

选择切入点的能力，就是推理能力，那应该怎样选择切入点呢？(1)理解题意，研究“求知”，预设出解题的核心点；(2)对标核心点，从已知要素里选择关联性最强的显性或隐性要素。

比如本题，A、B无法与数字形成关联，解题的“钥匙”隐藏在鹅、羊里，鹅、羊的动物属性与数字有隐性关联。这个例子说明当解题遇到困境时，就要调整针对的目标或者思维的角度。

题外话 怎样集中注意力

老师、家长经常对小朋友说“要集中注意力”。那究竟注意力要集中在哪里呢？怎样才能集中注意力呢？集中注意力，无非要求脑力不“脱轨”，希望脑力不“脱轨”，脑力就需要“锁定”。

《钥匙》之所以能够帮助集中注意力，是因为每个思维步骤都有对应的指令，指令引导不同思维步骤的思维“方向 + 方法”。思维有了方向，脑力自然不容易游移，思维有了方法，脑力就能够锁定而不容易“脱轨”。指令的作用是促使小朋友的脑力持续聚焦在标的物上发力，久习成性，就能形成注意力聚焦的习惯。所以《钥匙》是集中注意力的有效工具。

挑战题 买电脑 ★★★★★

小力、小豆去买新电脑，两台电脑刚好 SAWWW 元，其中小力花了 KSBW 元，小豆花了 KKSW 元。你可以帮我算一算两台电脑他们总共花了多少钱吗？（每一个字母代表 0—9 其中的一个数字，不重叠。）

实战题 共有多少个学生 ★★★★★

1. 老师拿出红珠子 72 粒、黄珠子 104 粒、蓝珠子 48 粒分给数量相同的男女学生。其中，红珠子平均分给女生，蓝珠子平均分给男生，而黄珠子就按男女学生平均分摊，结果女生比男生每人多 6 粒珠子。问：共有多少个学生？

A. 8　　B. 12　　C. 14　　D. 16

2. 老师拿出红珠子 72 粒、黄珠子 104 粒、蓝珠子 48 粒分给十几个学生。其中，红珠子平均分给女生，蓝珠子平均分给男生，而黄珠子 3/13 平均分给女生，10/13 平均分给男生，最后每人的珠子数量一样。问：共有多少个学生？

A. 8　　B. 12　　C. 14　　D. 16

逻辑能让你变得更有智慧。

有指令引导思维“方向 + 方法”，让你思考问题如同有“指路明灯”。

眼前的学习成绩是眼前的，长远的思维能力才是永恒的，所谓学习潜力，“潜”在不可见的逻辑思维能力。学习成绩“弱”用何物“补”？如果希望一劳永逸，肯定是补思路。

解题

挑战题

买电脑 ★★★★★

步骤 1，表达指令重点在“理解”。方向：给出的题目。方法：理解题意，识别出解题核心点：预设的解题核心点，是需要找出“字母与数字的关系”。《钥匙》的题，能够让你发挥想象力，塑造创造性思维能力。

步骤 2，推理指令重点在“选择”。方向：聚焦已知。方法：选择出关联性最强的解题切入点。为了找出关联性，要把三组字母组合（关联）起来，可知 SAWWW=KSBW＋KKSW，以此构成识别关联性的解题切入点（外因）。

步骤 3，观察指令重点在“分辨”。方向：聚焦切入点。方法：分辨切入点特征，建立解题纽带。观察侧重“分辨”，怎样分辨呢？脑力顺着“SAWWW=KSBW＋KKSW”向前延伸，发现 SAWWW 是五位数，并且连续出现了三个 W，KSBW 和 KKSW 是四位数。如果平时数理关系比较清晰，就不难分辨出关联特征：S=1，W=0，这个特征是解题纽带。

步骤 4，分析指令重点在“对比”。方向：聚焦纽带。方法：对比、计算或匹配，求出核心点。分析侧重“对比”，对比得出：（1）十位数 B＋S=10，B=9；（2）百位数 S＋K＋1=10，K=8；（3）千位数 K＋K＋1=10＋A，A=7。这些是解题的核心点（内因）。

步骤 5，判断指令重点在“认定”。方向：外因和内因。方法：复核思维过程，确认依据准确。KSBW=8190 元，KKSW=8810 元。答案：买两台电脑总共花了 SAWWW=17000 元。

本题领悟重点：步骤 3，观察环节。本题的解题“钥匙”隐藏在 S 和 W 里，目的是验证数理识别能力。比如，针对 SAWWW 是五位数，KSBW 和 KKSW 是四位数，根据数理关系相加得出首数 S=1，同样，相加前后三组尾数都是 W，得出唯一的可能是 W=0。

只要有清晰的数理识别能力，审慎分辨切入点，解题不难。《钥匙》的每道题在设计上都针对某种思维方式，这些思维方式累积或者升华，对“要怎样思考问题”起到引导和示范作用。

挑战题

题 1：用套路解题 ★

用套路解题的关键：准确理解题意，熟练使用公式。由于“黄珠子平均摊分”，那么产生男女学生珠子数量“6 粒”差异的原因自然是女生红珠子平均数（72 粒 / 女生人数）和男生蓝珠子平均数（48 粒 / 男生人数）相差“6 粒”，已知男生人数 = 女生人数，得出：（72 粒 / 一半人数）－（48 粒 / 一半人数）=（72 －48）/ 一半人数 =6。一半人数 4 人，学生共有 8 人。答案：A。

题 2：用思路解题 ★★★★

步骤 1，表达指令重点在“理解”。方向：给出的题目。方法：理解题意，识别出解题核心点。要找出“共有多少个学生”，就必须首先找出核心点“男生、女生各有多少人”。

步骤 2，推理指令重点在“选择”。方向：聚焦已知。方法：选择出关联性最强的解题切入点。为了找出关联性，识别出“每人珠子数量都一样”这个现象包含相对丰富的关联性信息，是重点思考的解题切入点（外因）。

步骤 3，观察指令重点在“分辨”。方向：聚焦切入点。方法：分辨切入点特征，建立解题纽带。观察侧重“分辨”，从切入点可以分辨出：“男生珠子总数 / 男生人数 = 女生珠子总数 / 女生人数”。男生珠子总数 =48 +（10/13）× 104=128 粒，女生珠子总数 =72 +（3/13）× 104=96 粒，128/ 男生人数 =96/ 女生人数，男生人数 / 女生人数 =4/3，这个特征是解题的纽带。

步骤 4，分析指令重点在“对比”。方向：聚焦纽带。方法：对比、计算或匹配，求出核心点。分析侧重“对比”，面对纽带“男生人数 / 女生人数 =4/3”，怎样解题？脑力顺着纽带向前延伸：“人数 4/3”与“分给十几个学生”有对应关系吗？发现“分给十几个学生”是一个“隐性条件”，说明“10 ＜学生人数＜ 20”，马上对比出只有当“10 ＜ 2 ×（4 + 3）＜ 20”时，才是唯一对标的结果。求出：男生人数 =8 人，女生人数 =6 人，这是解题的核心点。

步骤 5，判断指令重点在“认定”。方向：外因和内因。方法：复核思维过程，确认依据准确。根据男生人数 8 人，女生人数 6 人，共有：8 + 6=14 个学生。答案：D。

本题领悟重点：步骤 1，表达环节。解题之所以有困难，通常是理解题意有疏忽，本题解题的“钥匙”隐藏在“十几个学生”里，要理解出“10 ＜学生人数＜ 20”。

本题训练理解题意的“细致 + 精准”，如果解题过程出现曲折，要从这次解题的过程让自己清晰疏忽了什么，这才是最有价值的收获，如果能够铭记这次经历，思维的周密性就会增强。

所有强竞争的考试，拉开成绩的不是套路题，肯定是思路题。课堂通常教套路，能否升华靠自己的悟性，那些靠悟性将套路集成并升华成为思路的学生叫学霸。《钥匙》的每一题，都帮助学员建立逻辑思路，训练脑力的延伸技巧（想象力），避免学员“无法升华”的风险。

题外话 脑力延伸与想象力、创造力的关系

学员做题时会被《钥匙》不断要求：当直观很难分辨切入点特征时，或者直观很难对比纽带求出核心点时，就要进行脑力延伸。知道《钥匙》为什么这么重视脑力延伸吗？

脑力延伸是套路与思路的分水岭，思维不懂延伸就是缺乏想象力。《钥匙》要求脑力延伸，是“考验 + 塑造”学员想象力的过程。脑力延伸既需要想象力，也培养想象力。想象力是创造、创新能力的基础。想象力不是天生的，而是要靠自我升华或者外界的“引领 + 启蒙”。

挑战题 花猫与钢琴 ★★★★★

1. 小琪家养了四只小花猫 A、B、C、D，其中 B 与 D 相差 3 岁，B 与 C 相差 2 岁，A 与 C 相差 4 岁，D 比 A 大 1 岁，你说谁是大家伙？

2. 甲、乙、丙、丁四位小朋友进行钢琴比赛，比赛进行了四轮，在四次评分结果里，甲分数比乙高的有 3 次，乙分数比丙高的有 3 次，丙分数比丁高的有 3 次，丁分数比甲高的有 3 次。问：丁分数比乙高的有多少次？

实战题 小关开铺 ★★★★★

1. 小关的小笼包单价是整数元，小刘、小胡、小邓集资同样的钱，向小关买 2 打小笼包，结果小刘和小胡都比小邓多吃 3 个，后来小胡和小刘各自还给小邓 3 块钱。问：小刘应付的钱，下面选项中哪一个才合理？

A. 9 元　　B. 16 元　　C. 27 元　　D. 33 元

2. 小关的小笼包单价是整数元，小刘、小胡、小邓集资同样的钱，向小关买 2 打小笼包，结果三个人吃的数量不同，后来吃得最多的小刘还给吃得最少的小邓 3 元。问：小刘应付的钱，下面选项中哪一个才合理？

A. 9 元　　B. 11 元　　C. 24 元　　D. 33 元

逻辑能让你思考问题有“节奏”。

《钥匙》帮你建立起逻辑思维步骤，这是思维竞争力的“基本功”。

每个人出现短板的情况、程度、时机都不同，感觉《钥匙》题目“难”，《钥匙》帮助你修正思维过程的短板；如果题目“易”，但还是出现错漏，《钥匙》辅助你建立思维的缜密性。

解题

挑战题

题 1 ★★

步骤 1，表达指令重点在“理解”。方向：题目。方法：通过理解题意，已知条件是互为制约关系，最适合用判断指令，通过假定核心点（内因）去解决问题最有效。

步骤 2，判断指令重点在“认定”。方向：已知的制约关系。方法：先假定出一个核心点，检查结论是否成立，得出的结论无法否定，才能肯定假定的核心点正确。

已知条件是制约关系，采用判断逻辑，先设定一个核心点，再进行“假定、否定、肯定”。

（1）假定 B 是老大，就有：B－D=3，这样 B－C=2，得出 C－D=1，由于 D－A=1，也得出 C－A=2，这个结果与“A 与 C 相差 4 岁”有冲突，假定不成立，否定。

（2）假定 C 是老大，就有：C－B=2，C－A=4，得出 B－A=2，由于 D－A=1，也得出 B－D=1，这个结果与“B 与 D 相差 3 岁”有冲突，假定不成立，否定。

（3）假定 D 是老大，就有：D－A=1，A－C=4，得出 D－C=5，由于 D－B=3，也得出 B－C=2，这个结果与“B 与 C 相差 2 岁”相吻合，假定成立。得出（内因）：D 是老大。

题 2 ★★★

步骤 1，表达指令重点在“理解”。方向：面对题目。方法：通过理解题意，已知条件是互为纽带关系，解题最适合用观察指令，通过分辨已知的关联性分辨出特征。

步骤 2，观察指令重点在“分辨”。方向：已知的纽带关系。方法：分辨事物的关联特征，或分辨出对事物关联性带有补充的要素，确认出公式、要点或定律，形成解题纽带。

已知条件是纽带关系，采用观察逻辑分辨关联特征，怎样分辨呢？脑力延伸：首先把它们关联起来，让它们依次首尾相接，就得出：（1）甲＞乙＞丙＞丁，（2）乙＞丙＞丁＞甲，（3）丙＞丁＞甲＞乙，（4）丁＞甲＞乙＞丙。建立出四个关联组合，就很容易分辨出丁分数比乙高的有 2 次。

观察力：“分辨关联性 + 建立纽带”的能力

观察力体现在：（1）分辨切入点的关联性，没有关联性就延伸出关联性；（2）从关联性分辨出对标解题的“显性或隐性”特征，建立纽带。

观察力是核心思维能力，没有先天，要通过后天启蒙及周期性锤炼生成。硬指标：“分辨关联特征 + 建立纽带”的能力强大，观察力就强大。

比如本题，十分考验观察的延伸（想象）能力，本题切入点很明显但关联性不明显，怎样办？没有关联性就创造关联性（这就是延伸、想象、创造能力），当首尾相接，特征立显。做《钥匙》题，锻造“延伸”能力就是训练“创造力”，创造力是《钥匙》重点的训练内容。

实战题

题 1：用套路解题 ★★

用套路解题的关键：准确理解题意，熟练使用公式。原来每人平均 8 个，小刘和小胡都比小邓多吃 3 个，等于一人分小邓 1 个，分一个还小邓 3 元，代表小笼包单价是 3 元，小刘实际应付 9 个小笼包合计 27 元。答案：C。

题 2：用思路解题 ★★★

步骤 1，表达指令重点在“理解”。方向：给出的题目。方法：理解题意，识别出解题核心点。解题预设的核心点是：要找出“小刘实际应付的数额”。留意：《钥匙》的每一题都启发一种思维方法。

步骤 2，推理指令重点在“选择”。方向：聚焦已知。方法：选择出关联性最强的解题切入点。为了找出关联性，选择“最多的小刘还给最少的小邓 3 元”作为解题切入点（外因）。

步骤 3，观察指令重点在“分辨”。方向：聚焦切入点。方法：分辨切入点特征，建立解题纽带。观察侧重“分辨”，脑力顺着切入点向前延伸：究竟 3 元对应多少个小笼包呢？注意力集中就能分辨出，能够符合以及能够对应“3 元”的只有两种组合可能：如果小笼包一个 3 元，小邓是 8 – 1=7 个，小刘是 9 个；如果小笼包一个 1 元，小邓“最少”是 8 – 3=5 个，小刘“最多”是 11 个，这两个特征是解题的纽带。

步骤 4，分析指令重点在“对比”。方向：聚焦纽带。方法：对比、计算或匹配，

求出核心点。根据纽带计算：如果小笼包 3 元一个，小刘实际应付 3×9=27 元；如果小笼包 1 元一个，小刘实际应付 1×11=11 元，这是解题核心点（内因）。

步骤 5，判断指令重点在“认定”。方向：外因和内因。方法：复核思维过程，确认依据准确。针对四个可选择项，小刘实际付出的钱，合理的只有 11 元。答案：B。

本题领悟重点：题 1、题 2。本题的设计目的是训练“缜密 + 细致”的心性。题 1 重点：两人多吃 3 个，等于两人各瓜分小邓 1 个。题 2 重点：观察环节，分辨时既要对应“最多还给最少”，也要对应“3 元”这个限额，“细心”才能分辨出：“3 元一个时，小刘是 9 个，1 元一个时，小刘是 11 个”。另外，对于这种“通过提供可选项，去匹配出答案”的题型，要领会和琢磨其中的技巧。

题外话 感觉越难，越有需要

《钥匙》设计的题目重点训练掌握思维的“步骤 + 指令”，是一种系统性进行逻辑启蒙的工具。如果做题觉得“很难”，更要加油，越是觉得困难，越是需要启蒙，不要做鸵鸟。

目前小朋友普遍缺乏有针对性的“逻辑启蒙”，感觉《钥匙》出的题难解，原因无非是把握重点有偏差。今天有偏差，明天还是会有偏差，上学 12 年，偏差 12 年，最后的结果不言而喻。

怎么办？马上进行逻辑启蒙，坚持按《钥匙》解题的“步骤 + 指令”去思考问题和解决问题，“操练 + 端正”思维习惯，建立思维逻辑性和逻辑思路。让孩子增长智慧，任何时候都不晚。

挑战题 两辆古董车 ★★★★★★

小力说：“学好数学必须熟识数字的属性，培养出与数字的亲和关系。”小力举一个例子，有一天，他看见两辆老爷车很喜欢，车主说：“总价是 3TDH 元，单价是 HQBY 和 YBQD，每个字母代表 1—9（3 除外）的不同数字，不重叠。”小力问：“你能告诉我 3TDH 代表多少钱吗？”

实战题 金币和银币 ★★★★

1. 小珺有个瓶子，已知瓶子里面的银币要比金币多 1/4，瓶子里面银币的一半，又比金币的数量少 6 个。金、银币共有多少个？

A. 28　　B. 31　　C. 36　　D. 42

2. 小珺每次从瓶子里拿出金币和银币各 2 个，瓶子里剩下银币 7 个，每次拿出 6 个金币和 5 个银币，瓶子里剩下银币 9 个。金、银币共有多少个？

A. 28　　B. 31　　C. 36　　D. 42

逻辑能提升你的思维能力。

每组“难”题，都对应锤炼一组解决复杂问题的思维模型。

《钥匙》题目是按锻造“顶级思维竞争力”的目标进行设计的，小朋友经历 50 组复杂问题的锤炼，拥有解决复杂问题的硬实力，直接效果是建立解决复杂问题的自信。

解题

挑战题

两辆古董车 ★★★★★★

步骤1，表达指令重点在“理解”。方向：给出的题目。方法：理解题意，识别出解题核心点。预设解题核心点是：需要找出“字母与数字的对应关系”。

步骤2，推理指令重点在“选择”。方向：聚焦已知。方法：选择出关联性最强的解题切入点。为了找出关联性，可把已知部分组合起来，3TDH=HQBY + YBQD，发现其中的“3”来自“H + Y”，从而形成明显的关联性，是应选的解题切入点（外因）。

步骤3，观察指令重点在“分辨”。方向：聚焦切入点。方法：分辨切入点特征，建立解题纽带。观察侧重“分辨”，脑力聚焦切入点，顺着“3”来自“H + Y”向前延伸，分辨出：由于H ≠ Y，H、Y之中肯定有一个是数字1，另一个是数字2。这个特征是解题的纽带。

步骤4，分析指令重点在“对比”。方向：聚焦纽带。方法：对比、计算或匹配，求出核心点。分析侧重“对比”，对比以下两个可能性。

（1）H=2，Y=1。那么个位数的“H”来自“Y + D”，“H ＞ Y”说明“Y + D ＜ 10”，出现“Y=D=1”，违反“不重叠”条件。

（2）H=1，Y=2。由于“Y ＞ H”，必然是“Y + D ＞ 10”，“H=1”肯定来自“2 + 9=10 + 1”里面的“1”，得出“D=9”。这是解题的核心点（内因）。

步骤5，判断指令重点在“认定”。方向：外因和内因。方法：复核思维过程，确认依据准确。根据H=1，Y=2，D=9，从十位数D=B + Q + 1，得出百位数T=Q + B=8。两辆古董车的总价是：3TDH=3891元。

本题领悟重点：步骤3，观察环节。本题不强调小朋友能够“做出来”，但要求小朋友能够“看明白”，如果小朋友能够“清晰 + 透彻”领悟解题过程的思维路径，思维能力、数理水平将大有提升。

本题考验学员对“数字之间关联性”的认知强弱，体现学员对数字的组合能力，本题的解题“钥匙”就隐藏在数字与字母的数理关系里，目的是“考验 + 提升”小朋友的数理识别能力。

小朋友在小初阶段一定要建立清晰的数理关系，这些数理关系看上去是简单的数字与数字的关系，但要发现出这些数字之间的关系，需要强大的逻辑能力。《钥匙》题目有个特点，即非常重视培养数理关系。可以感觉到所有涉及数理关系的题，都需要很强的逻辑能力，并且，通过解“数理关系”的题，可以深度锻炼和强化逻辑能力。

实战题

题 1：用套路解题 ★

用套路解题的关键：准确理解题意，熟练使用公式。根据题意，“银币比金币多出 1/4”，银币 = 金币（1 + 1/4），“银币的一半比金币的数量少 6 个”，银币 /2= 金币 – 6，求得：金币 16 个，银币 20 个，金、银币合计 36 个。答案：C。

题 2：用思路解题 ★★★

步骤 1，表达指令重点在“理解”。方向：给出的题目。方法：理解题意，识别出解题核心点。研究“求知”，解题要找出“金币拿了多少次”，假定第一次拿金币的次数是“M”次。

步骤 2，推理指令重点在“选择”。方向：聚焦已知。方法：选择出关联性最强的解题切入点。为了建立“关联性”，服从“指令”去努力寻找或尽力组织出关联性。把“第一次拿 2 个金币，第二次拿 6 个金币”组合起来作为应选的解题切入点（外因）。

步骤 3，观察指令重点在“分辨”。方向：聚焦切入点。方法：分辨切入点特征，建立解题纽带。观察侧重“分辨”，根据切入点，脑力顺着“拿 2 个，拿 6 个”向前延伸：两个数字隐藏了什么特征呢？脑力聚焦，会慢慢思考出：前后拿的次数比例是“3 比 1”。这样就能够分辨出两次拿银币的数量是“2 × M + 7”和“5 × M/3 + 9”，这两个特征是解题的纽带。

步骤 4，分析指令重点在“对比”。方向：聚焦纽带。方法：对比、计算或匹配，求出核心点。分析侧重“对比”，因为银币数量相同，“2 × M + 7=5 × M/3 + 9”，M=6，这是解题核心点。

步骤 5，判断指令重点在“认定”。方向：外因和内因。方法：复核思维过程，确认依据准确。算出金币 12 个，银币 19 个，金、银币合计 31 个。答案：B。

本题领悟重点：步骤 3，观察环节。本题选择切入点不难，分辨切入点“第一次拿 2 个金币，第二次拿 6 个金币”时，把“第一次、第二次”关联起来，那么“2 个金币”和“6 个金币”又隐藏了什么特征呢？这里是脑力需要延伸的地方，要延伸出“1/3”的关联特征。

解题的“钥匙”就隐藏在数字 2 和数字 6 里，逻辑思维流程“指令”引导的意义体现在促使大脑“火力”集中，让脑力发挥出最大功效，这样成功找出“钥匙”的概率就大。“思路”解题侧重“步骤 + 指令”，“套路”解题侧重“经验 + 储备”，这造成了“套路”解题的局限性相对比较大。

当然，很多时候，“套路”体现出立竿见影的效果，但鸵鸟虽然跑得快，却永远飞不上枝头变凤凰，“跑和飞”都正确，正如丰富“套路”没有不好，但启蒙“思路”会更好，“思路”才是小朋友“起飞”的硬实力。这就需要“正确之中选择准确”。

题外话 “正确之中选择准确”重要吗？

普通的竞争是竞争：模糊之中选正确。精英的竞争是竞争：正确之中选准确。“模糊之中选正确”通常是在“异质”之中进行选择，“异质”意思是正确与错误。“正确之中选择准确”通常是在“同质”中进行选择，“同质”意思是正确与精准。学员可以扫描本书二维码，进入小程序进行训练。

高素质的考核通常通过“正确之中选准确”去拉开能力之间差距，也许是通过“精准的理解能力”，或者是通过精准的“推理、观察或分析能力”。“正确之中选准确”考验小朋友思维逻辑性的强弱，是体验思维竞争力的通用手段。《钥匙》每一组题都注重训练这种能力。

挑战题 是谁点了烧鹅？ ★★★

紧张的考试结束了，小刘、小胡、小邓去吃大餐，他们每人点了一个不同的菜，回来后小关问他们吃了什么，他们这样回答：

（1）小刘说："小胡没有点烧鹅，小邓没有点烧鸡。"

（2）小胡说："小刘没有点烧鸡，小邓没有点叉烧。"

（3）小邓说："小刘没有点乳鸽，我点了叉烧。"

他们三人说的都是一半真、一半假。你能分析出谁点了烧鹅吗？

A. 小刘　　B. 小胡　　C. 小邓　　D. 不知道

实战题 莲塘小水库 ★★★★★★★

1. 小水库有 13 个水闸，为了给农民提供灌溉，长期打开一个水闸以保持水库流入流出的平衡，曾经试过 5 个水闸同时放水，150 分钟水库能见底。问：现在要求 60 分钟水库能够见底，需要打开多少个水闸？

A. 9　　B. 10　　C. 11　　D. 12

2. 小水库有 13 个水闸，A 个水闸放水能保持水库水流出入的平衡，B 个水闸放水 450 分钟水库能见底，如果"2×B + A"个水闸同时放水，135 分钟水库同样见底。A、B 是 1—9 中不同的数字，"2×B + A"代表多少个水闸？

A. 9　　B. 10　　C. 11　　D. 12

逻辑能让你变得更加聪明。

《钥匙》让你掌握精准思考问题、解决问题的逻辑思维规则。

考官出题是有规则的，如果解题思路与出题规则无法对接，解题过程肯定出现曲折。那么这个规则是什么呢？是"逻辑规则"。《钥匙》的每组题都帮助学员建立"逻辑思维规则"。

解题

挑战题

是谁点了烧鹅？★★★

步骤1，表达指令重点在“理解”。方向：题目。方法：通过理解题意，已知条件是互为制约关系，最适合用判断指令，通过假定核心点（内因），去解决问题最有效。

步骤2，判断指令重点在“认定”。方向：已知的制约关系。方法：先假定出一个核心点，检查结论是否成立，如果得出的结论无法否定，才能肯定假定的核心点正确。

根据（2）假设小胡说“小刘没有点烧鸡”是真话，那么“小邓没有点叉烧”，就变成“小邓点了叉烧”。

根据（3）小邓说“我点了叉烧”，如果这句话是真话，那么“小刘没有点乳鸽”就变成“小刘点了乳鸽”。

根据（1）去验证，小刘说“小邓没有点烧鸡”是真话，那么“小胡没有点烧鹅”就变成“小胡点了烧鹅”，符合题意。

结果是：小刘点了乳鸽，小胡点了烧鹅，小邓点了叉烧。

判断能力实际上是一种排他能力，属于识别能力范畴。判断能力可以运用在以下情况中：如果没有办法认定它正确，就想办法去认定它“不是不正确”。

比如，放学回家有做功课、玩游戏、做家务三个选择，哪一个是最合适的选择呢？假如选择“时间”作为“排他”核心点，“排他”的过程是：现在离吃饭时间只有30分钟，不适合做功课，不利于需要系统性吸收的读书学习，最优选择是适合玩游戏或者做家务；如果离吃饭时间有90分钟，时间足够，最优选择是优先做功课。这个选择过程就是“排他”。

这些决策，都需要通过设定“核心点”才能进行“排他”，才能做出最优的选择。《钥匙》团队出了不少排他题，目的是让学员多接触“排他性训练”，无论是现在还是将来，学员能够掌握正确判断事物的技巧，以及掌握相应的“排他”能力都具有现实意义和实用价值。

实战题

题 1：用套路解题 ★★

用套路解题的关键：准确理解题意，熟练使用公式。打开一个水闸能够保持水库流入流出的平衡，说明：1 个水闸放水量 = 水库水的流入量。根据“5 个水闸同时放水，150 分钟水库见底”得出：150×5× 水闸放水量 = 水库容量 + 流入量 = 水库容量 + 150× 水闸放水量，求出水库容量 =600× 水闸放水量。如果需要 60 分钟见底，假设打开 M 个水闸，就有 60×M× 水闸放水量 = 水库容量 + 流入量 =600× 水闸放水量 + 60× 水闸放水量，求得 M=11。答案：C。

题 2：用思路解题 ★★★★★

步骤 1，表达指令重点在“理解”。方向：给出的题目。方法：理解题意，识别出解题核心点。斟酌“求知”，明确解题的核心点是需要求出“A、B 对应的数字”。

步骤 2，推理指令重点在“选择”。方向：聚焦已知。方法：选择出关联性最强的解题切入点。为了找出关联性，针对 B 个水闸放水 450 分钟水库见底，“2×B＋A”个水闸同时放水 135 分钟水库同样见底，把两种放水方式关联起来，作为重点思考的解题切入点。

步骤 3，观察指令重点在“分辨”。方向：聚焦切入点。方法：分辨切入点特征，建立解题纽带。观察侧重“分辨”，通过“A 个水闸能保持水库水流出入的平衡”，明确水库流入量是 A 个水闸的排水量。由于“总排水量 = 水库容量 + 流入量”，脑力聚焦“切入点”向前延伸，分辨关联性。

（1）从“450 分钟见底”，能分辨出：450×B= 水库容量 + 450×A。（2）从“135 分钟水库同样见底”，能分辨出：135×（2×B＋A）= 水库容量 + 135×A。结合（1）与（2），通过“水库容量”形成关联性，简化得出：5×A=2×B，这个特征是解题的纽带。

步骤 4，分析指令重点在“对比”。方向：聚焦纽带。方法：对比、计算或匹配，求出核心点。分析侧重“对比”，面对纽带“5×A=2×B”，脑力向前延伸：什么情况下纽带才会对等呢？在“13 个水闸”范围内，马上对比出：A=2，B=5。这是解题的核心点（内因）。

步骤 5，判断指令重点在“认定”。方向：外因和内因。方法：复核思维过程，确认依据准确。认定“A=2，B=5”准确，得出：2×B＋A =12 个水闸。答案：D。

第 10 周

本题领悟重点：步骤4，分析环节。对比“$5\times A=2\times B$”时，要根据“13个水闸”延伸出($2\times B+A$)≤13，从而得出A、B的范围。团队把解题的“钥匙”隐藏在“识别A、B的范围”里，目的是提升学员的匹配能力，匹配的过程，就是识别逻辑关系的过程。回顾时多领悟如何“延伸”，对自己的空间思维能力会有极大的提高。

学员思考“如何解题”的过程就是端正“思维习惯”的过程，重点在于：（1）端正思考问题的技术层面，思维的“步骤+方向+方法”；（2）端正思考过程的个性控制，思维的“缜密+耐性+自信”。

解题有困难的小朋友，往往会怀疑题目出错，这种现象是“自信+经验”不够，自信来自用成功告诉自己能够成功。鼓励学员多接触“难题”，通过解“难题”培养出解题的“自信+经验”。

恭喜你，第一阶段训练完成

花点时间，回顾一下每道题的思维特点及其思维的延伸方式。

归纳一下自己感受深刻的思维模型，这对形成正确的思维习惯帮助巨大。

两个星期后，尝试独立完整地重做这10组题，测试自己能够得到多少颗★。

准备挑战第二阶段的学习和训练，加油！

第二阶段启蒙目标：掌握思维模型

第二阶段有 10 组题，潜移默化地引导小朋友形成逻辑性的“思维模型”。小朋友做题过程要按思维“步骤”，发挥每个“指令”的作用，引导思考问题的“方向 + 方法”。思考问题如同卫星需要有“准确算法”，才能够精准导航，同理，小朋友思考问题也需要有一个正确的“思维流程”。

牢记和领悟思维的五个“秘诀”

掌握“以规则的不变，应对问题的万变”的思维能力

逻辑思维模型（思维习惯）

步骤 1　步骤 2　步骤 3　步骤 4　步骤 5

步骤 1 表达逻辑，表达指令要求脑力重点放在“理解”。对外，通过展现依据，让别人理解你的结论。对内，方向：题目。方法：理解题意，领会“已知”，研究“求知”，预设出解题核心点（内因、内核）。

步骤 2 推理逻辑，推理指令要求脑力重点放在“选择”。方向：聚焦已知要素。方法：针对已知的外部“条件、行为或者现象”，选择出或者组合出关联性最强的要素，作为应选的解题切入点（外因、显象）。

步骤 3 观察逻辑，观察指令要求脑力重点放在“分辨”。方向：聚焦切入点。方法：分辨出切入点显性或隐性特征，或分辨出对切入点带有针对性补充的要素，确立出要点、公式、定律，作为解题的纽带。

步骤 4 分析逻辑，分析指令要求脑力重点放在“对比”。方向：聚焦纽带。方法：通过对比、计算或匹配，求出体现事物内在“意图、本质或根源”的要素，这个要素是解题的核心点（内因、内核）。

步骤 5 判断逻辑，判断指令要求脑力重点放在“认定”。方向：聚焦构成解题依据的切入点和核心点。方法：首先假定结论能够成立，如果支持结论的切入点和核心点无法否定，结论才能够肯定。

《钥匙》说

不怕做不到，最怕不知道，知道不吃亏

《钥匙》的逻辑启蒙，是端正思维的“步骤 + 指令”。端正思维“步骤”容易，端正思维“指令”，需要借助标准的逻辑思维流程进行引导，需要通过做题去“领悟 + 融通”，这个过程将同步消除思维存在的“短板”。

冲击《钥匙》的目标，加油

五个阶段的任何一个阶段，在十组题里面

独立解题得到 00—49 颗★，思维竞争力有望：前 50%。

独立解题得到 50—59 颗★，思维竞争力有望：前 40%。

独立解题得到 60—69 颗★，思维竞争力有望：前 30%。

独立解题得到 70—77 颗★，思维竞争力有望：前 20%。

独立解题得到 78—85 颗★，思维竞争力有望：前 10%。

独立解题得到 86—91 颗★，思维竞争力有望：前 5%。

独立解题得到 92—99 颗★，思维竞争力有望：前 1%。

一周一组，欲速不达，循序渐进，久习成性

争取在第二阶段回顾的时候，能够得到 70 颗★以上

挑战题 密码课程 ★★★★★★

这是一组密码课程训练题，根据第一、第二和第三组的数字，运用逻辑能力，能够写出第四组的密码数字是什么吗？

第一组：3 9 1 8 2 6 7 4　　第二组：2 6 4 2 8 4 8 6

第三组：8 4 6 8 2 6 2 4　　第四组：__________

实战题 分金豆 ★★★★

1. 甲、乙、丙、丁四位小朋友进行比赛，活动结束后，有 46 粒金豆奖给优胜者，每人数量不同，其中丙比甲多 6 粒，甲、乙金豆数量相乘是 55。问：丁得到多少粒金豆？

A. 4　　B. 8　　C. 13　　D. 21

2. 甲、乙、丙、丁四位小朋友进行比赛，活动结束有 46 粒金豆奖给优胜者，每人数量不同，其中丙比甲多 6 粒，乙的金豆数量是丙的 6 倍。问：丁得到多少粒金豆？

A. 4　　B. 8　　C. 13　　D. 21

逻辑是思考问题的“导航仪”。

《钥匙》的每一题，都帮助你开发出一组解决问题的思维路径。

做题看解题不仅要“一个步骤 + 一番思考”，还要争取“一番思考 + 一组领悟”，既然辛辛苦苦努力做题，就要扎扎实实有所收获，一组题目一组灵感，积微成著，启蒙效果必然十分显著。

★表示思维难度，难度越高，★越多。

解题

挑战题

密码课程 ★★★★★★

步骤 1，表达指令重点在“理解”。方向：给出的题目。方法：理解题意，识别出解题核心点。预设解题核心点是：找出“数字的组成规律”。《钥匙》的每一题都启发一种思维方式，同步端正一次思维习惯。

步骤 2，推理指令重点在“选择”。方向：聚焦已知。方法：选择出关联性最强的解题切入点。为了找出关联性，把三组数字“39182674、26428486、84682624”组合起来形成一种关系作为应选的解题切入点（外因）。

步骤 3，观察指令重点在“分辨”。方向：聚焦切入点。方法：分辨切入点特征，建立解题纽带。观察侧重“分辨”，脑力锁定“分辨特征”，注意力顺着切入点向前延伸：究竟三组数字有什么个性或共性呢？慢慢发现：第一组有单数、双数，第二、第三组都是双数。是如何产生这种现象的呢？分辨出：这种现象来自“某个双数与其相乘取个位数”，这个特征，是解题的纽带。

步骤 4，分析指令重点在“对比”。方向：聚焦纽带。方法：对比、计算或匹配，求出核心点。分析侧重“对比”，脑力顺着纽带向前延伸，发现第一组的“1”和“2”，分别对应第二组的“4”和“8”，第二组的“2”和“8”分别对应第三组的“8”和“2”。马上对比出“上组数字分别乘4，取个位数对应排列，得出下一组数字”。这个数字的组成规律是解题核心点（内因）。

步骤 5，判断指令重点在“认定”。方向：外因和内因。方法：复核思维过程，确认依据准确。将第三组的数字分别乘“4”，结果只取个位数进行有序排列，得出第四组的数字26428486。

本题领悟重点：步骤 3，观察环节。本题考验“思维习惯”里面的缜密性，解题时脑力要“坚定不移”地集中在切入点，注意力要稳稳锁定在分辨各种有可能的“个性与共性”上。“个性”是事物特征，“共性”是逻辑关系。本题不复杂，小朋友只需要“精细＋耐性”，就能分辨出三组数字“单数、双数”的特征。

《钥匙》提示观察秘诀：要从多个角度分辨切入点的“个性或者共性”，这通常是教师和考官隐藏解题“钥匙”的好地方。

《钥匙》每一道题，都注重“考验＋操练”小朋友分辨已知条件里面“个性或共性”特征的能力。“分辨”顾名思义是先“分解”后“辨认”，做题要坚持“回顾＋领悟”，当小朋友掌握了这些分辨技巧，观察能力自然也必然会增强。

实战题

题 1：用套路解题★

用套路解题的关键：准确理解题意，熟练使用公式。甲 × 乙 =55，其中甲、乙是 5、11 或 11、5，已知“丙比甲多 6 粒”，如果甲是 5 粒，乙就是 11 粒，丙也是 11 粒，与“每人数量不同”矛盾，不成立。得出甲是 11 粒，乙就是 5 粒，丙是 17 粒，丁 =46－11－5－17=13 粒。答案：C。

题 2：用思路解题★★★

步骤 1，表达指令重点在“理解”。方向：给出的题目。方法：理解题意，识别出解题核心点。预设的解题核心点是：要找出他们之间的“数量关系”。领悟和累积下面的思维模式，能够让你变得更加聪明。

步骤 2，推理指令重点在“选择”。方向：聚焦已知。方法：选择出关联性最强的解题切入点。为了找出关联性，把“丙比甲多 6 粒，乙是丙的 6 倍”结合起来，这里面包含有关联信息，是重点思考的解题切入点（外因）。

步骤 3，观察指令重点在“分辨”。方向：聚焦切入点。方法：分辨切入点特征，建立解题纽带。观察侧重“分辨”，脑力聚焦切入点，直接建立出：丙 = 甲 +6，乙 =6× 丙 =6× 甲 +36，丁 =46－（甲 + 乙 + 丙）=4－8× 甲。最后得出“丁 =4－8× 甲”，这是解题的纽带。

步骤 4，分析指令重点在“对比”。方向：聚焦纽带。方法：对比、计算或匹配，求出核心点。分析侧重“对比”，根据纽带“丁 =4－8× 甲”，脑力向前延伸：金豆不可能是半粒，丁也不可能是负数。这样，能够符合条件的自然是：甲 =0 粒，这是解题核心点（内因）。

步骤 5，判断指令重点在“认定”。方向：外因和内因。方法：复核思维过程，确认依据准确。结果：甲是 0，乙是 36 粒，丙是 6 粒，丁是 4 粒。答案：A。

本题领悟重点：步骤 3，观察环节。本题不复杂，把甲、乙、丙、丁的关系理顺后，当进入分析环节对比“丁 =4－8× 甲”时，考验学员对“丁不可能是负数”的识别。本题的训练目的是让学员的思维能够打破“理所当然”的想法，拓宽脑力（想象力）活动的界限。

提醒：（1）做题不是为了“做过”，看解题是为了“领悟”；（2）做题不在于数量，在于“做一题彻底融通一题”；（3）做题一定要坚持“周期性”。只有这样，才能建立“逻辑思维习惯”。

一周做一组题看上去题目数量不多，但每组题都包含两套强启发性的解题思路。做题后一周回顾三次，每次约 10 分钟，让解题过程在大脑游走一周，踏踏实实收获两套“思维路径”，端正两次“思维习惯”，锤炼两次“解题技巧”，这些都是你将来解决问题的“导航资料”。

题外话 学霸的“学习霸气”来自哪里呢？

以前认为逻辑思路很神秘，现在才知道逻辑思路本身并不神秘，神秘的是逻辑思路的功能。为什么这样说呢？因为当恪守逻辑思路去思考问题、解决问题的时候，当脑力遵循思路的步骤去工作的时候，可以发现思路的指令，会反过来引导脑力应该怎样工作。

怪不得学霸有“学习霸气”，原来是有思路指令的“神助”，所以学霸思考问题“有方向”，解决问题“有方法”。羡慕吗？我不需羡慕，只要我坚持完成 50 组题，也将拥有同样的“学习霸气”。

挑战题 这个案能破吗？ ★★★★

某银行数据外泄造成隐患，进入数据库需要破解密码，有 A、B、C 三个嫌疑人，其中一个人是作案者，警察审讯的时候，有六句关键口供：

A 说：我不会解码，我没有外泄数据。

B 说：我懂得解码，我没有外泄数据。

C 说：我不会解码，会解码才能作案。

在这六句供词当中，有两句是正确的。你能识别出谁是作案者吗？

实战题 工作分配计划 ★★★★★★

1. A 队 12 人 6 天能完成的甲工程，B 队 8 人 9 天、C 队 6 人 12 天也能够完成。现 B 队和 C 队各承包一个甲工程，A 队拆成两组配合，26 人合作 18 天同时开工和完工。假如每队每人的工作能力相同。问：A 队有多少人配合 B 队工作？

A. 5　　B. 6　　C. 7　　D. 8

2. A 队 6 人 18 天能完成的甲工程，B 队 10 人 9 天也能够完成。现 A 队和 B 队各自承包一个甲工程，C 队拆成两组配合两队的施工，28 人合作 6 天同时开工同时完工。假如每队里每人的工作能力相同。问：C 队有多少人配合 A 队工作？

A. 5　　B. 6　　C. 7　　D. 8

逻辑“指令”带有强烈的提醒功能：

在这个步骤需要思考什么，在这个步骤需要怎样思考。

比如在解题前，阅读题目时要侧重“理解”，要斟酌“求知”建立出解题目标，在解题过程，复读题目时要侧重“分辨 + 对比”，要对“已知”进行多角度的发掘和延伸，角度正确了，解题的灵光一闪就来了。

解题

挑战题

这个案能破吗？ ★★★★

步骤 1，表达指令重点在“理解”。方向：题目。方法：通过理解题意，已知条件是互为制约关系，最适合用判断指令，通过假定核心点（内因）去解决问题最有效。

步骤 2，判断指令重点在“认定”。方向：已知的制约关系。方法：先假定出一个核心点，检查结论是否成立，得出的结论如果无法否定，才能肯定假定的核心点正确。

C 说：我不会解码，会解码才能作案。识别出这句话里面“会解码才能作案”肯定是真话。由于已知“其中一个是作案者”，所以“C”只讲了一句真话，否则有两个作案者。那么另外一句真话，是在 A 或者 B 说的“我没有外泄数据”之中。

（1）假定 A 说“我没有外泄数据”是真话，那么 B 说的两句都是假话，就有 B 说的“我懂得解码，我没有外泄数据”变成“我不懂得解码，我外泄数据”，两句话前后矛盾，形成“制约关系”，“假定”A 说真话不成立。

（2）假定 B 说“我没有外泄数据”是真话，那么 A 说的两句都是假话，就有 A 说的“我不会解码，我没有外泄数据”变成“我会解码，我外泄数据”，两句话前后吻合。“假定”B 说真话成立，A 说两句假话，是作案者。

本题领悟重点：通过判断进行“排他”的技巧。“排他”是指在同一范围内不允许其他相违、排斥、对立的事物或人并存。

比如本题，根据“进入数据库需要破解密码”这个条件，如果小朋友懂得对“会解码才能作案”这句话进行否定或肯定的“排他”，发现这句话与已知条件没有“相违”，相互间也不存在“排斥、对立”的关系，就知道这句话肯定是真话。

实战题

题 1：用套路解题 ★★

（1）套路解法：发现人均工作效率 A、B、C 三队都是 1/72，假如 A 队分配给 B 队的人数是 M，两个工程关系是：$18\times8\times1/72+18\times M\times1/72=18\times6\times1/72$

+ 18 × （12 – M）× 1/72，求出 M=5，A 队分配给 B 队的是 5 人。

（2）灵活解法：发现三队人均工作效率相同，直接将总人数对分 26/2=13，A 队分配给 B 队的人数是 13 – 8=5 人。答案：A。

很显然，（2）的解题具有“思路”的特征，体现出针对性强、灵活性高的优势。这就是《钥匙》训练逻辑思维流程的目的。

题 2：用思路解题★★★★

步骤 1，表达指令重点在“理解”。方向：给出的题目。方法：理解题意，识别出解题核心点。斟酌“求知”，明确解题核心点是找出“A 队和 B 队留给 C 队的工程量”。假定 C 队配合 B 队的人数是 M。

步骤 2，推理指令重点在“选择”。方向：聚焦已知。方法：选择出关联性最强的解题切入点。为了找出关联性，很明显只有“工作效率”产生关联性，这是需要重点思考的解题切入点。

步骤 3，观察指令重点在“分辨”。方向：聚焦切入点，方法：分辨切入点特征，建立解题纽带。注意力顺着“工作效率”向前延伸至：A 队的工作效率是 1/18，B 队的工作效率是 1/9，这个特征是解题的纽带。

步骤 4，分析指令重点在“对比”。方向：聚焦纽带。方法：对比、计算或匹配，求出核心点。6 天里 A 队完成的工程量是 6 × 1/18=1/3，遗留给 C 队的工程量是 2/3；B 队完成的工程量是 6 × 1/9=2/3，遗留给 C 队的工程量是 1/3。这是解题核心点（内因）。

步骤 5，判断指令重点在“认定”。方向：外因和内因。方法：复核思维过程，确认依据准确。C 队的人数是“28 – 6 – 10=12”人，按比例分配，C 队配合 A 队是“12 × 2/3=8”人，配合 B 队是“12 × 1/3=4”人。答案：D。

本题领悟重点：题 1、题 2 的解题手段。题 1、题 2 都是考验小朋友在解题过程中，脑力的思维方式有没有被套路“套牢”。“套路思维”习惯上是理解题意后马上尝试匹配公式去求答案，而“思路思维”具有比较大的灵活性。在解题 2 的过程，能够明显反映小朋友思维模型的特征。

《钥匙》的题目设计侧重暴露小朋友解题过程的思维短板，目的是暴露一个，《钥匙》帮助消除一个，慢慢让小朋友变得聪明和强大起来。

题外话 怎样培养自信?

有不少家长问：怎样培养小朋友的自信？首先，自信不是“大胆”，并非天生，自己说有自信没用，自信要有做事情的能力和“成功过”的经历。自信的本质是用成功告诉自己能够成功。培养自信，核心在设法让小朋友取得成功，并让小朋友铭记成功的经历。

比如通过上述挑战题“这个案能破吗”，学员掌握了排他能力，此后再次遇到互为制约关系的问题时，无论是举一反三还是移花接木，学员内心便能够产生一种信念：我知道怎样解这类题。拥有了这种信念，就容易产生解这类题的“自信”，并体现出：只要“我努力，我就可以”。

挑战题 你可以吗？ ★★★★★

下面是一个违法集团老巢的四组保险箱密码，警察只发现两组完整密码，其余两组有部分残缺。第一组：BD1MQ3，第二组：5E □□ PT，第三组：6AH2VY，第四组：FN □□ X4。警察需要帮忙，你可以吗？

实战题 认识数字 ★★★★★

1. 有 7 个不相同的正整数，它们的平均值是 167，相邻的两个数相减得出的差额都一样。问：如果最小的数字是 5，最大的数字是多少？

A. 318　　B. 329　　C. 346　　D. 361

2. 有一组不相同的正整数，它们的平均值是 89，当把其中数字 93 拿走后，剩余数字的平均值变成 88。问：剩余数字最大的数会是多少？

A. 318　　B. 329　　C. 346　　D. 361

完成五个“步骤”的解题之后。要“验证”或者“修正”自己的思路，重点在于领悟思维的“步骤 + 方向 + 方法”。

《钥匙》团队鼓励学员：边学边用，活学活用。

越早“熟练掌握 + 懂得应用”逻辑思路，越早拥有思维“逻辑性 + 竞争力”。

解题

挑战题

你可以吗？ ★★★★★

步骤 1，表达指令重点在“理解”。方向：给出的题目。方法：理解题意，识别出解题核心点。预设的解题核心点是：要找出“字符的排列规律”。领悟下面的思维模式，能够帮助强化“数理关系”。

步骤 2，推理指令重点在“选择”。方向：聚焦已知。方法：选择出关联性最强的解题切入点。为了找出关联性，识别出应选“BD1MQ3，6AH2VY”这两个完整的已知条件作为重点思考的解题切入点（外因）。

步骤 3，观察指令重点在“分辨”。方向：聚焦切入点。方法：分辨切入点特征，建立解题纽带。观察侧重“分辨”，从直观上看，切入点不容易分辨特征，脑力顺着“BD1MQ3，6AH2VY”向前延伸，把字母与数字拆开试试：BD + 1，MQ + 3，6 + AH，2 + VY。脑力持续聚焦在四组字符上，慢慢就有机会分辨出“个性与共性”：字母 B、D 之间有 1 个字母“C”，对应数字 1；字母 M、Q 之间有 3 个字母“N、O、P”，对应数字 3。“6 + AH，2 + VY”也同理。这个特征，是解题的纽带。

步骤 4，分析指令重点在“对比”。方向：聚焦纽带。方法：对比、计算或匹配，求出核心点。分析侧重“对比”，通过对比纽带得出：每个数字都对应两个不同字母之间所间隔字母的数量。由此匹配出：5E（□）=5 + EK，（□）PT=3 + PT，FN(□)=FN + 7，(□)X4=SX + 4。这个字符的排列规律是理解题意后希望寻找的解题核心点（内因）。

步骤 5，判断指令重点在“认定”。方向：外因和内因。方法：复核思维过程，确认依据准确。得出密码：5E □□ PT=5EK3PT，FN □□ X4=FN7SX4。

本题领悟重点：步骤 3，观察环节。小朋友的很多能力处于隐性状态，在智力发展黄金窗口期（小初阶段），这些隐性能力就必须发掘，过了窗口期，隐性的能力会逐步被“深藏”，乃至将来难以“发掘”。《钥匙》把重点放在演绎解题的过程中，目的就是“发掘 + 激活”小朋友的隐性能力。

比如，本题的共性明显是“2 个数字 + 4 个字母”，那么数字和字母又有什么关联呢？小朋友脑力有了延伸目标，自然会尝试多种手段充分发掘自己的脑力，当搭配出：BD + 1，MQ + 3，6 + AH，2 + VY，脑力在延伸的技巧方面得到锤炼。

实战题

题 1：用套路解题 ★★

用套路解题的关键：准确理解题意。由于平均值是 167，结合“相邻的两个数相减，得出的差额都一样”，那么中位数肯定就是“167”。根据“最小数字是 5”，列出关系式：167 − 5=3 × “差额”，求出：“差额”=54，最大的数自然是：6 × “差额” + 5=6 × 54 + 5=329。答案：B。

题 2：用思路解题 ★★★

步骤 1，表达指令重点在“理解”。方向：给出的题目。方法：理解题意，识别出解题核心点。研究“求知”，明确需要找出解题的核心点是这组数由多少个“数”组成。假定这组数由“M”个数组成。越早学会用“假定”越好，这对启蒙空间思维能力大有帮助。

步骤 2，推理指令重点在“选择”。方向：聚焦已知。方法：选择出关联性最强的解题切入点。为了找出关联性，识别出：原来平均值是 89，把 93 拿走后平均值变成 88。这是解题的切入点（外因），选择切入点正确，观察问题才准确。

步骤 3，观察指令重点在“分辨”。方向：聚焦切入点。方法：分辨切入点特征，建立解题纽带。观察侧重“分辨”，脑力聚焦，顺着切入点向前延伸：三组数字的指向是什么呢？分辨出：原来的总数 = 后来的总数 + 93。得出：M × 89=（M − 1）× 88 + 93。这是解题的纽带。

步骤 4，分析指令重点在“对比”。方向：聚焦纽带。方法：对比、计算或匹配，求出核心点。分析侧重“对比”，根据纽带，算出“M=5”，拿走数字“93”后，这组数由 5 个变成 4 个，得出剩余 4 个数字的总数是“4 × 88=352”。这是解题的核心点（内因）。

步骤 5，判断指令重点在“认定”。方向：外因和内因。方法：复核思维过程，确认依据准确。根据它们是“不相同的正整数”，正整数里面最小的三个数肯定是 1、2 和 3，那么通过“352 − 1 − 2 − 3=346”，得出构成“352”这组数有四个数，其中最大的正整数是 346。答案：C。

本题领悟重点：步骤 1、步骤 3。本题看上去简单，但解起来可能无从入手，在步骤 1 理解题意时，要根据“有一组不相同的正整数”，从而联想到：这组数究竟由多少个“数”组成？在步骤 3 分辨切入点时，要从两个平均值“89”和“93”，延伸到：怎样才能得出这两个平均值？这样，步骤 1 结合步骤 3，就能形成关联性，这个过程，就是“寻找逻辑关系”。再通过“承上启下 + 建立纽带”，在步骤 4 就轻松解题。

这些解题思路和技巧是怎样形成的呢？《钥匙》说：技巧非先天形成，都来自后天。学员做题遇到困难很正常，原因无非是思考问题的过程有短板。学员看解题不要一次看完五个步骤的解题，要“一个步骤 + 一番思考”，从“大惑不解”到“茅塞顿开”的过程就是“领悟 + 启蒙”的过程，这个“先思考 + 后修正”的过程就是解题“思路 + 技巧”的形成过程。加油！

题外话 提倡每天早晚思考十分钟

成熟的理论需要“实践 + 实战”的积累。比如《钥匙》倡导每天早晚思考十分钟，早上思考十分钟，今天安排就会有计划；晚上思考十分钟，就会知道今天的计划完成得怎样。《钥匙》建议养成早晚思考十分钟这个习惯。

形成“早晚思考十分钟”的习惯，必然伴生出“思维缜密 + 行事稳重”。这个理论或经验既来自《钥匙》团队“亲历 + 纵观”的阅历，也来自读书工作过程中“实践 + 实战”的积累。

挑战题 体重排列 ★★★★

有三女一男 A、B、C、D 四人，A 说：“C 比 D 轻。”B 说：“A 最轻，B 和 D 相差不是 5 公斤。”C 说：“我比 A 重，B 比 D 重 5 公斤。”D 说：“C 比 A 轻，我比 B 重。”已知只有男人说真话，女人说的话意思正好相反。你认为下面哪个体重排列正确？

1. A ＞ C ＞ D ＞ B　　3. B ＞ D ＞ C ＞ A

2. C ＞ B ＞ A ＞ D　　4. D ＞ A ＞ B ＞ C

实战题 打包食物 ★★★★★★

1. 小力带的钱够买 30 只水饺或者 18 个包子，后来他买了 6 个包子，又花 4 只水饺的钱买了 2 瓶饮料。问：剩余的钱够买多少只水饺？

A. 16　　B. 18　　C. 20　　D. 22

2. 小力带的 40 元够买“9 只水饺 + 4 个包子 + 2 瓶饮料”，或者“3 只水饺 + 6 个包子 + 4 瓶饮料”，单价都是整数元。问：40 元够买多少只水饺？

A. 16　　B. 18　　C. 20　　D. 22

逻辑能让你拥有解决问题的“钥匙”。

每道难题，都有机会让你从中收获一组“思维秘钥”。

《钥匙》设计的题，重点不是教数学，而是培养逻辑思维能力。在解题过程中，经常需要“脑力延伸”，这个延伸过程既发挥想象力，也培养想象力。

解题

挑战题

体重排列 ★★★★

步骤 1，表达指令重点在“理解”。方向：题目。方法：通过理解题意，已知条件是互为制约关系，最适合用判断指令，通过假定核心点（内因），去解决问题最有效。

步骤 2，判断指令重点在“认定”。方向：已知的制约关系。方法：先假定出一个核心点，检查结论是否成立，得出的结论如果无法否定，才能肯定假定的核心点正确。

（1）假定 A 是男人说真话，形成制约关系的是 C、D 说的话，C 说的话变成“B 比 D 轻 5 公斤”，D 说的话变成“我（D）比 B 轻”。C、D 说的话出现矛盾，假定“A 是男人”不成立。

（2）假定 B 是男人说真话，“A 最轻，B、D 相差不是 5 公斤”。形成制约关系的是 C 说的话，C 说的话变成“B 比 D 轻 5 公斤”。B、C 说的话出现矛盾，假定“B 是男人”不成立。

（3）假定 C 是男人说真话，形成制约关系的是 B、D 说的话，B 说的话变成“A 最重”，D 说的话变成“C 比 A 重”。B、D 说的话出现矛盾，假定“C 是男人”不成立。

（4）假定 D 是男人说真话，“C 比 A 轻，我（D）比 B 重”。A 说的话变成“C 比 D 重”，B 说的话变成“A 最重，B、D 相差 5 公斤”，C 说的话变成“我比 A 轻，B 比 D 轻 5 公斤”。A、B、C 说的话均不矛盾，假定成立。答案：1。

本题领悟重点：判断技巧。判断能力是思考问题、解决问题过程中“抵御杂项、排除干扰”的核心能力。在前面已经学过使用“判断指令”解题，如果能够独立解答本题，说明领悟能力较强。

有关联的事物，都存在逻辑关系，对于从业人员，特别是准备进行入职考试等的毕业学生来说，做《钥匙》的题，掌握或者熟练“排他”能力和技巧是“自信 + 准确”应对及处理问题的有效思维模式。

实战题

题 1：用套路解题 ★

用套路解题的关键：准确理解题意，熟练使用公式。越早培养孩子学会用“假定”越好。现在先假如水饺的单价是“A”，包子的单价是“B”，就有 30×A=18×B，得出 B=A×5/3，他剩余的钱是 30×A－（6×B＋4×A）=16×A，剩余的钱能够买 16 只水饺。答案：A。

题 2：用思路解题 ★★★★★

步骤 1，表达指令重点在“理解”。方向：给出的题目。方法：理解题意，识别出解题核心点。预设的解题核心点是：需要找出“水饺的价格”。领悟下面的思维模式，能够帮助学员建立逻辑性的思维习惯。

步骤 2，推理指令重点在“选择”。方向：聚焦已知。方法：选择出关联性最强的解题切入点。为了找出关联性，识别出把“9 只水饺＋4 个包子＋2 瓶饮料”结合“3 只水饺＋6 个包子＋4 瓶饮料”，这样才能够形成关联性，应选这两组数据作为重点思考的解题切入点（外因）。

步骤 3，观察指令重点在“分辨”。方向：聚焦切入点。方法：分辨切入点特征，建立解题纽带。观察侧重“分辨”，根据“9 只水饺＋4 个包子＋2 瓶饮料”=“3 只水饺＋6 个包子＋4 瓶饮料 =40 元”，很容易分辨出“7 个包子＋5 瓶饮料 =40 元”，这个特征是解题的纽带。

步骤 4，分析指令重点在“对比”。方向：聚焦在纽带。方法：对比、计算或者匹配，求出内因。分析侧重“对比”，怎样才能对比出结果呢？脑力锁定“7 个包子＋5 瓶饮料 =40 元”，再向前延伸至：“7 和 5”怎样才能构成“40”呢？产生这个想法 = 解出结果，40=7×5＋5×1，包子每个 5 元，饮料每瓶 1 元。马上算出水饺的单价是：（40－4×5－1×2）÷9=2 元 / 只，这是解题核心点（内因）。

步骤 5，判断指令重点在“认定”。方向：外因和内因。方法：复核思维过程，确认依据准确。得出：40 元可以买 20 只水饺。答案：C。

本题领悟重点：步骤 4，分析环节。本题考验对比能力的“深度＋广度”。比如，求出“7 个包子＋5 瓶饮料 =40 元”或者“15 只水饺＋2 个包子 =40 元”都不难，难在对比纽带时，脑力要有“深度＋广度”，“深度”来自对“数理关系”的认知，“广度”来自脑力延伸（想象力）的“敏锐性”。

很显然，《钥匙》把解题的“钥匙”隐藏在“对数理关系的认知”里。《钥匙》的题，十分注重“培养 + 操练”对“数理关系分析”的认知，以及脑力延伸（想象力）的“敏锐性”，特别是不断锤炼分析能力和分析技巧。如果本组题仅能成功解一题，“套路”思维重，两题都成功，“思路”纯熟。

题外话 什么是想象力？怎样培养想象力？

综合竞争力的“内五力”是：“推理 + 观察 + 分析 + 想象 + 组织”能力。学员做题的时候，“推理 + 观察 + 分析”能力会被《钥匙》不断“考验 + 培养”，那么，“想象力”究竟是什么呢？

想象力是“分辨”事物特征或者“对比”事物特性的过程中遇到“直观不能解决问题”时，脑力“能否 + 如何”进行有效延伸的能力，或者脑力是否具备“纵横 + 多维”的伸展能力。

《钥匙》题目的设计重点在于培养逻辑思维能力，解题过程迫使学员必须“脑力延伸”，这个过程既需要想象力，也培养想象力。

想象力是创造性思维能力的基础，想象力不是天生的，大家都知道想象力很有用，但很多人不知道怎样培养想象力。成功培养出想象力不容易，或许有些人通过自我升华，大部分人需要通过外界工具（如《钥匙》），并且要经历“时间 + 领悟”，方能启蒙。

挑战题 三个人的牌 ★★★★★

桌面有 17 张扑克牌：红桃 A、2、4、7、9，黑桃 K、3、4、7，草花 Q、4、6、9，方块 J、2、5、8，老师各给小琪、小豆、小力一张牌，说：“你们牌的数字和花色都不同，其中小琪的数字最大，小豆的数字最小。”

老师说：“四组牌包含有共性，各人知道其他两人手上的牌是什么吗？”三人思考了一下都回答“知道”。你没看牌，肯定比他们困难，你知道小力手上的是什么牌吗？

实战题 红玫瑰黄玫瑰 ★★★★★

1. 如果 5 枝红玫瑰搭配 3 枝黄玫瑰，多出一些红玫瑰，小豆后来把每束 8 枝改为每束 9 枝，刚好搭配出 22 束。问：小豆红玫瑰有多少枝？

A. 132　　B. 140　　C. 154　　D. 156

2. 如果 5 枝红玫瑰搭配 3 枝黄玫瑰，会多出 6 枝红玫瑰，如果 6 枝红玫瑰搭配 3 枝黄玫瑰，多出 12 枝黄玫瑰。问：小豆的红玫瑰有多少枝？

A. 132　　B. 140　　C. 154　　D. 156

逻辑能让你思路更加清晰。

《钥匙》的每一题都能够强化你的思维步骤，以及应用指令的技巧。

《钥匙》的套路题帮助学员提升解题速度，积累解题技巧；《钥匙》的思路题，帮助学员建立逻辑思路，同时储备实战能力和自信，提高思维竞争硬实力。

解题

挑战题

三个人的牌 ★★★★★

步骤 1，表达指令重点在“理解”。方向：给出的题目。方法：理解题意，识别出解题核心点。研究“求知”，明确需要找出解题的核心点是“牌的共性规律”。

步骤 2，推理指令重点在“选择”。方向：聚焦已知。方法：选择出关联性最强的解题切入点。为了找出关联性，发现老师说“你们牌的数字和花色都不同”，这句话里面包含的信息量最大，能够“制造出关联性”，这是应选的解题切入点（外因）。

步骤 3，观察指令重点在“分辨”。方向：聚焦切入点。方法：分辨切入点特征，建立解题纽带。观察侧重“分辨”，脑力聚焦在切入点，脑力顺着“3/3/3/4”向前延伸至：如果加上 3 张不同“花色”的牌会怎样呢？马上分辨出共性：牌的比例是“4/4/4/4”。这个特征是解题的纽带。

步骤 4，分析指令重点在“对比”。方向：聚焦在纽带。方法：对比、计算或者匹配，求出内因。分析侧重“对比”，既然三个小朋友都说“知道”，他们手上的牌，数字也肯定遵循相同的规律（共性）。脑力顺着“红桃 A、2、4、7、9”向前延伸：都说“知道”，代表什么意思呢？

查看数字，红桃的总数值是“22”。其他牌要具有相同的共性，肯定也唯一来自总数值“22”。这样就不难对比出：“黑桃 3、4、7”缺“8”，“草花 4、6、9”缺“3”，“方块 2、5、8”缺“7”。这是解题的核心点（内因）。

步骤 5，判断指令重点在“认定”。方向：外因和内因。方法：复核思维过程，确认依据准确。根据三人中小琪的数字最大，小豆的数字最小。得出：小琪的牌是黑桃 8，小豆的牌是草花 3，小力的牌是方块 7。

本题领悟重点：步骤 4，分析环节。《钥匙》设计“挑战题”，是为了操练“敢于思考 + 懂得怎样思考”的能力。比如在分析环节，根据三个都说“知道”，对比纽带思考出：既然牌的组合有共性，牌的点数也肯定包含某些共性，否则不会三个都说“知道”。有了“牌的数值肯定包含某些共性”这个目标，题可解。

实战题

题 1：用套路解题 ★★

用套路解题的关键：准确理解题意，熟练使用公式。开始的时候，5 枝红玫瑰搭配 3 枝黄玫瑰，会“多出一些红玫瑰”，后来每束 8 枝改为每束 9 枝，增加的 1 枝必然是“多出来的红玫瑰”，现在红玫瑰每束 6 枝，6×22=132 枝，小豆的红玫瑰有 132 枝。答案：A。

题 2：用思路解题 ★★★

步骤 1，表达指令重点在“理解”。方向：给出的题目。方法：理解题意，识别出解题核心点。脑力从“两次都是拿 3 枝黄玫瑰”向前延伸，解题核心点是“拿黄玫瑰的次数”。假设第一次拿了 M 次。领悟下面的思维模式，能够让学员思考问题更有章法。

步骤 2，推理指令重点在“选择”。方向：聚焦已知。方法：选择出关联性最强的解题切入点。为了找出关联性，识别已知因素“两次黄玫瑰的搭配都是 3 枝，第二次多出 12 枝黄玫瑰”，这两个“现象”把两次操作关联了起来，是应选的解题切入点（外因）。

步骤 3，观察指令重点在“分辨”。方向：聚焦切入点。方法：分辨切入点特征，建立解题纽带。观察侧重“分辨”，脑力聚焦在“第二次多出 12 枝黄玫瑰”向前延伸：多出 12 枝黄玫瑰暗示什么呢？慢慢能够分辨出，原来第二次搭配的次数，比第一次减少了“12 枝黄玫瑰 /3=4 次”，所以第二次搭配的次数就是“M－4”次。这个特征是解题纽带。

步骤 4，分析指令重点在“对比”。方向：聚焦在纽带。“方法：对比、计算或匹配，求出内因。分析侧重“对比”，第一次搭配时，红玫瑰数量是 5×M＋6，第二次搭配时，红玫瑰数量是 6×（M－4），由于前后两次红玫瑰数量相同，5×M＋6=6×（M－4），求出 M=30，这是解题核心点（内因）。

步骤 5，判断指令重点在“认定”。方向：外因和内因。方法：复核思维过程，确认依据准确。得出答案，小豆的红玫瑰数量是 5×M＋6=156 枝。答案：D。

本题领悟重点：步骤 3，观察环节。每个周期开始，《钥匙》都要求牢记“秘诀”，在解题过程中，秘诀常常起到决定成功与失败的作用。比如本题，解题“钥匙”隐藏在“12 枝黄玫瑰”里，如果掌握“秘诀”，在分辨“切入点”时，脑力“延伸”就不单纯是针对推理得出的“切入点”，还会针对与“切入点”相关联的要素，这样就会把“第一次黄玫瑰没有剩余，第二次剩余 12 枝”关联起来。

诫告学员朋友：每一个阶段开始的时候，《钥匙》都提醒牢记和领悟思维的五个秘诀，掌握“以思维规则的不变，应对问题万变”的思维能力。秘诀只有 5 句话 200 多个字，花点时间牢记思维秘诀不吃亏。

题外话 什么是推理能力？

推理是为了达到某个预设目标，从已知要素里面选择出能够帮助达到这个预设目标的“切入点”，推理能力是选择这个“切入点”的能力。

推理技巧是寻找与预设目标最有关联性的已知“条件、现象或者行为”。推理是核心识别能力，推理的目的，是为观察提供分辨的要素。

学生解题、医生诊断、科学家研究乃至大名鼎鼎的福大侦探，解决问题的第一步都需要用推理去识别出与预设目标最关联的“切入点”。

《钥匙》设计的每道题在“步骤 2”，注重培养小朋友的推理能力和技巧。解决问题没有“切入点”无法解题，“切入点”错误结论很难准确。推理能力不是天生的，只来自对“识别关联性”日积月累的“归纳 + 领悟”。

挑战题 水龙头案 ★★★★★

水塔街有一个古老水龙头，被小卓、小吕、小刘、小奚的其中一人拆了。保安把他们找来了解情况，他们分别讲了一段话，其中小奚讲的都是真话，小刘的话半真半假，小卓和小吕讲的都是假话。他们的说话如下。

第一段：我不是小卓，这是小刘拆的。第二段：我不是小奚，这是小卓拆的。第三段：我不是小吕，这是小奚拆的。第四段：我不是小刘，这是小吕拆的。

请你帮保安去识别一下：谁的作案嫌疑最大？

A. 小刘　　B. 小卓　　C. 小奚　　D. 小吕

实战题 小刘放羊 ★★★★★

1. 新牧场羊的食量和草的生长速度不变，当放进 100 只羊能吃饱 24 天，放进 150 只羊时能吃饱 12 天，如果是放进 250 只羊，羊能吃饱多少天？

A. 4　　B. 6　　C. 9　　D. 12

2. 新牧场羊的食量和草的生长速度不变，放进 100 只羊比放 150 只羊，羊能多吃饱 5 天，那放进 250 只羊比放 100 只羊，羊会少吃饱几天？

A. 4　　B. 6　　C. 9　　D. 12

创作团队善意提醒：

现在疏于补脑，将来忙于补习。

如果遇到“难题”，要先审核思考问题的“步骤”，再针对“指令”引导的“方向”，审核思维延伸的“方法”，只要“不懈 + 信心”，就有机会成功。

第16周

解题

挑战题

水龙头案 ★★★★★

步骤 1，表达指令重点在“理解”。方向：给出的题目。方法：理解题意，识别出解题核心点。预设解题核心点是：需要找出“谁讲真话”。每一题都有线索可寻，每一题都塑造一组解题思路和技巧。

步骤 2，推理指令重点在“选择”。方向：聚焦已知。方法：选择出关联性最强的解题切入点。因为只有小奚讲真话，识别出应选第二段“我不是小奚，这是小卓折的。”这句话与小奚具有关联性，作为解题的切入点（外因）最合适。

步骤 3，观察指令重点在“分辨”。方向：聚焦切入点。方法：分辨切入点特征，建立解题纽带。观察侧重“分辨”，分辨“我不是小奚，这是小卓折的”，得出这句话不是小奚说的，其中“我不是小奚”是真话，分辨出这句话“半真半假”是小刘说的，其中“小卓折的”是假话，那么就有“不是小卓折的”，这两个特征是解题的纽带。

步骤 4，分析指令重点在“对比”。方向：聚焦在纽带。方法：对比、计算或者匹配，求出内因。分析侧重“对比”，因为已经知道小刘说了“半真半假”，剩余三段话里有一段全是真话，有两段全是假话。对比“第四段：我不是小刘，这是小吕折的”，其中“我不是小刘”是真话，那么“小吕折的”也是真话，这是小奚说的，是解题的核心点（内因）。

步骤 5，判断指令重点在“认定”。方向：外因和内因。方法：复核思维过程，确认依据准确。嫌疑人来自小奚说的“小吕折的”。答案：D。

本题领悟重点：步骤 2，推理环节。本题训练推理技巧：选择“切入点”。那么究竟如何选择切入点呢？要选择“能够对标预期目标（解题核心点）”，并且包含信息量最大的“条件、现象或者行为”，这是选择切入点（外因）的技巧。

比如本题，由于核心点是“谁讲真话”，已知条件是“只有小奚讲真话”，最佳的切入点肯定就是与“小奚”有关联（对标）的元素“我不是小奚，这是小卓折的”。提醒一下，本题已知条件的四段话互为“纽带”关系，可以尝试使用“观察逻辑”解题。

实战题

题 1：用套路解题 ★

用套路解题的关键：准确理解题意，熟练使用公式。设定原有草量是 A，每天新增草量是 B，每只羊的每天食量是 C。建立起：100 羊 ×24 天 ×C= A + 24 天 ×B，150 羊 ×12 天 ×C= A + 12 天 ×B。得出：B=50×C，A=1200×C。再根据 250 羊 × 天数 ×C= A + 天数 ×B，代入后：250 羊 × 天数 ×C =1200×C + 天数 ×50×C。不难求出：天数 =6。答案：B。

题 2：用思路解题 ★★★★

步骤 1，表达指令重点在“理解”。方向：给出的题目。方法：理解题意，识别出解题核心点。预设解题核心点是：要找出“草与羊的食量关系”。假定：原有草量 A，每天新增草量 B，每只羊的每天食量 C。越早养成使用“假定”的习惯越好，这对建立“空间思维能力”十分有帮助。

步骤 2，推理指令重点在“选择”。方向：聚焦已知。方法：选择出关联性最强的解题切入点。为了找出关联性，识别出“放 100 只羊比放 150 只羊，羊能多吃饱 5 天”，这个“条件”能够组合出关联现象，是应选的解题切入点（外因）。

步骤 3，观察指令重点在“分辨”。方向：聚焦切入点。方法：分辨切入点特征，建立解题纽带。观察侧重“分辨”，怎样分辨呢？脑力聚焦“切入点”向前延伸：羊要吃饱，那么羊吃草的量是多少呢？设定 100 只羊吃饱的天数是 M，那么在 M 天里，羊吃的总草量是 A + M×B。这样，根据羊吃饱的天数 = 总草量 / 羊的每天吃草量，不难得出（A + M×B）/（100×C）－（A + M×B）/（150×C）=5 天，（A + M×B）/C =1500，这是解题的纽带。

步骤 4，分析指令重点在“对比”。方向：聚焦在纽带。方法：对比、计算或者匹配，求出内因。分析侧重“对比”，针对“放 250 只羊”，对比出：（A + M×B）/100（羊）×C－（A + M×B）/250（羊）×C=1500/100－1500/250=9（天）。这是解题需要寻找的核心点（内因）。

步骤 5，判断指令重点在“认定”。方向：外因和内因。方法：复核思维过程，确认依据准确。放进 250 只羊比放 100 只羊，羊会少吃饱 9 天。答案：C。

本题领悟重点：步骤 3，观察环节。观察指令侧重在“分辨”，分辨技巧是：脑力沿着切入点延伸，发挥想象力和组织力，从切入点里面发掘出“有什么可以关联的东西”。比如本题，切入点是“放进 100 只羊比放进 150 只羊，羊能多吃

第 16 周

饱 5 天”，延伸的内涵通常是草的总量或者羊吃饱的草量。那么，羊究竟吃了多少草呢？分辨出这个“可以关联的东西”，题可解。

很明显，本题的解题“钥匙”隐藏在“多吃饱 5 天”里，需要小朋友延伸出“羊可以吃的总草量不变”，找出这个逻辑关系，题可解。本题“考验 + 训练”学员思维的想象力和组织力，学员做题后要坚持回顾和领悟。

题外话 什么是组织力？怎样培养组织力？

组织力是什么呢？组织力是整合资源、理顺结果的能力。比如解题首先就要整合资源，把推理、观察、分析整合成为合力，共同服务于一个目标（解题），其次就是理顺结果，把得出的切入点、切入点的特征和形成的纽带进行融合，求出核心点，这样才能达成目标，成功解题。

整合的过程中，如果各种“力”的结果不能对接（缺乏逻辑关系），就无法达成目标（解题），“力”就需要重新工作。组织力不是天生的，拥有组织力也不容易，通常不仅需要借助外力的“启蒙 + 培养”，也要经历“时间 + 历练 + 领悟”才能够形成。解《钥匙》的题既需要组织力，也培养组织力。

挑战题 你有办法吗？ ★★★★★★

公司东、西两个数据中心都安装了安全门和隔离门。小力在东区工作，知道东区安全门密码是 29W38K57D66B，东区隔离门的密码是 36B35D24K18W。

经理安排他去西区拿资料，只告知西区安全门的密码 53S74N62E98C，他很快就把资料拿了回来。你知道小力推算出的西区隔离门的密码是什么吗？

实战题 小豆去库存 ★★★★

1. 小豆卖粽子，每天卖掉 20 只，12 天卖掉存货 1/4，后来小豆为了去库存，搞促销，降价 10%，营收反而增加 35%，这样小豆前后总共需要多少天就能够清空库存？

A. 30　　B. 32　　C. 35　　D. 36

2. 小豆卖粽子，每天卖掉 20 只，12 天卖掉存货 1/4，后来小豆为了去库存，搞促销，买 5 送 1，结果每天多卖 10 只，这样小豆前后总共需要多少天就能够清空库存？

A. 30　　B. 32　　C. 35　　D. 36

逻辑能让你变得更有“智慧”。

有“指令”引导思维“方向 + 方法”，思考问题如有“指路明灯”。

眼前的学习成绩是眼前的，长远的思维能力才是永恒的，所谓“学习潜力”，“潜”在不可见的逻辑思维能力中。学习成绩“弱”用何物“补”？如果希望一劳永逸，那么肯定是补“思路”。

解题

挑战题

你有办法吗？ ★★★★★★

步骤 1，表达指令重点在“理解”。方向：给出的题目。方法：理解题意，识别出解题核心点。预设解题核心点是：需要找出“密码组合规律”。《钥匙》的题目迫使学员发挥想象力，同步强大创造力。

步骤 2，推理指令重点在“选择”。方向：聚焦已知。方法：选择出关联性最强的解题切入点。为了找出关联性，发现东区安全门和隔离门的密码完整，是应选的解题切入点（外因）。

步骤 3，观察指令重点在“分辨”。方向：聚焦切入点。方法：分辨切入点特征，建立解题纽带。观察侧重“分辨”，分辨东区的两组密码，东区“安全门的密码是 29W38K57D66B，隔离门的密码是 36B35D24K18W”，脑力聚焦，慢慢不难分辨出两组的字母完全相同，只是发生逆向排列位移。

如果针对数字无从入手，脑力就要延伸，尝试把数字分列出来：安全门的数字是 29 + 38 + 57 + 66，隔离门的数字是 36 + 35 + 24 + 18。

现在要“细心 + 不懈”，脑力尝试多角度“分辨”这些数字的特征（共性），注意力集中就能分辨出：“29”对应 $2\times9=18$，“38”对应 $3\times8=24$，“57”对应 $5\times7=35$，“66”对应 $6\times6=36$。因此得出数字之间的关系是“上组数字相乘的结果与下组数字交叉对应”。这些特征，是解题纽带。

步骤 4，分析指令重点在“对比”。方向：聚焦纽带。方法：对比、计算或匹配，求出核心点。分析侧重“对比”，根据西区安全门的密码 53S74N62E98C，交叉匹配出西区隔离门的字母组合是“xxCxxExxNxxS”，数字组合是 72x12x28x15x。这两个组合是解题核心点（内因）。

步骤 5，判断指令重点在“认定”。方向：外因和内因。方法：复核思维过程，确认依据准确。把两个组合结合起来，得出西区隔离门的密码是 72C12E28N15S。

本题领悟重点：步骤 3，观察环节。解题有困难，“短板”通常在缺乏分辨的“想象空间”，导致观察问题“角度偏窄”。比如，分辨出字母是“逆向排列位移”不难，当针对数字时，思维要具备从“数字”延伸至“数字结构”的敏锐性，这样才能够分辨出数字是“相乘交叉换位”的共性。

牢记：解题需要这些能力，解题过程就是培养这些能力的过程。学员要相信每题都可解，即使暂时无从入手，也要对解题充满自信，有这样的坚定不移，才有机会“突破”。本题的解题“钥匙”隐藏在“两组数字的对应关系”里，目的是“考验＋操练”小朋友思维的敏锐性和灵活性。

实战题

题 1：用套路解题 ★

用套路解题的关键：准确理解题意，熟练使用公式。假定原来单价 A，现在每天出货量是 B，现在单价是 0.9A，现在每天营收是 0.9A×B，根据“营收反而增加 35%”得出：（0.9A×B－20A）/20A=0.35，求出 B=30 只。每天卖掉 20 只时，12 天共出货 240 只，去掉的存货是 1/4，现在存货有 240×3=720 只。按现在每天出货 30 只，720/30=24 天，12＋24=36 天，小豆前后总共需要 36 天就能够清空库存。答案：D。

题 2：用思路解题 ★★★

步骤 1，表达指令重点在“理解”。方向：给出的题目。方法：理解题意，识别出解题核心点。研究“求知”，明确需要找出解题的核心点是“促销后每天的出货量”。

步骤 2，推理指令重点在“选择”。方向：聚焦已知。方法：选择出关联性最强的解题切入点。为了找出关联性，识别出应选“买 5 送 1”，这个“现象”带有关联性，信息量也大，作为解题的切入点（外因）合适。

步骤 3，观察指令重点在“分辨”。方向：聚焦切入点。方法：分辨切入点特征，建立解题纽带。观察侧重“分辨”，脑力聚焦锁定在切入点上，思维顺着“买 5 送 1”向前延伸：小豆怎样出货呢？由此分辨出小豆的出货特征是“卖 5 只等于出货 6 只”。这个特征是解题的纽带。

步骤 4，分析指令重点在“对比”。方向：聚焦在纽带。方法：对比、计算或者匹配，求出内因。分析侧重“对比”，对比纽带得出：每天多卖 10 只就是每天卖 30 只，出货 36 只，这是解题核心点（内因）。

步骤 5，判断指令重点在“认定”。方向：外因和内因。方法：复核思维过程，确认依据准确。根据“原来每天卖掉 20 只，12 天去掉存货 1/4”，剩余存货 =20×12×3=720 只，720/36=20 天，12＋20=32 天，这样，小豆前后总共需要 32 天就能清空库存。答案：B。

本题领悟重点：步骤 3，观察环节。观察侧重分辨是准确分辨出切入点的关联特征，怎样分辨呢？比如本题，切入点是“买 5 送 1”，从“买与送”向前延伸的关联特征无非是“货款”或者“出货”，针对“出货”自然有“量”的关系，聚焦在分辨“量”，就能分辨出“卖 5 只需要出货 6 只”这个特征。

有些小朋友解题的时候没有想到“卖 5 只就是出货 6 只”，“卖 30 只就是出货 36 只”，这是“综合识别能力”比较弱的一种现象，如果希望验证或培养小朋友的“综合识别能力”，以及“正确之中选准确”的能力，可以扫描二维码登录线上小程序“逻辑题”，操练自己的“综合识别能力”。

线上小程序的“逻辑题”，是为训练强大的识别能力，从而特别设计的“工具”。做“逻辑题”无法使用“套路”，争取拿满分必须遵循逻辑“思路”，所以做“逻辑题”的过程，就是锤炼“逻辑思路”的过程。

题外话 套路 = 按图索骥，思路 = 北斗导航

学习靠套路如同按图索骥，是以积累经验和记忆去对接变化的问题。

学习靠思路如有北斗导航，是以掌握的逻辑规则去应对不同的问题。

套路与思路的不同点在于：套路依照经验的引导，擅长进行相互对接；思路恪守指令的引导，懂得如何去进行脑力延伸。

思路由思考问题的思维“步骤 + 指令”构成，“步骤 + 指令 = 北斗导航”，指令规范脑力的运动“方向 + 方法”，引导脑力如何聚焦，从而发出最大功效。所以，思路是学习成绩“最忠实的裁判和教练”。

挑战题 大钟楼 ★★★

从前珠江边有一栋大钟楼，大钟楼上有大钟，楼下有大门和小门，为方便进出，小门有数字按键密码锁，锁旁边有一块小铜牌，铜牌上有字：欲进大钟楼，上下左右，下左上右，右上左下。这是一组八位数密码，如果我想进入大钟楼参观，你可以帮我破译密码吗？

实战题 橘子总共有多少斤？ ★★★★★★★

1. 我有批橘子按重量分为 12 份，原计划分别给小刘 5 份、小胡 4 份、小邓 3 份，后来我留下 10 斤，余下部分给小刘 6 份、小胡 5 份、小邓 4 份，小刘拿到的橘子重量比原计划少了 13 斤。问：橘子总共有多少斤？

A. 480　　B. 540　　C. 580　　D. 620

2. 我有一批橘子按重量分为 12 份，计划给小刘 5 份、小胡 4 份、小邓 3 份，后来调整为 18 份，实际给小刘 7 份、小胡 6 份、小邓 5 份，其中一人拿到的橘子重量比原计划多了 15 斤。问：橘子总共有多少斤？

A. 480　　B. 540　　C. 580　　D. 620

第18周

逻辑让你思考问题有“节奏”。

《钥匙》帮你建立起逻辑思维步骤，这是思维竞争力的“基本功”。

每个人出现短板的情况、程度、时机都不同，如果感觉《钥匙》题目“难”，《钥匙》帮助你修正思维过程中的短板；如果感觉题目“易”，但还是出现错漏，《钥匙》辅助你建立思维的缜密性。

解题

挑战题

大钟楼 ★★★

步骤 1，表达指令重点在“理解”。方向：题目。方法：通过理解题意，已知条件是互为对等关系，最适合用推理指令识别“对等关系”的关联性，选择出解题“切入点”。

步骤 2，推理指令重点在“选择”。方向: 对等关系。方法: 针对已知对等的“条件、现象或行为”，选择出与解题关联性最强的显性或隐性要素，作为解题的“切入点”。

从“欲进大钟楼”里识别出两重意思：一是“欲进”，二是“大钟”，切入点放在“大钟”。

上下左右，明显是一种坐标暗示，结合“大钟”，识别出这是在暗示大钟上四个方位的数字。上：0，下：6，左：9，右：3。上下左右 =0693。

下左上右，右上左下，同理，下左：6 的“左”是 7，上右：0 的“右”是 1，右上：3 的“上”是 2，左下：9 的“下”是 8。“下左上右，右上左下”=7128。密码是 06937128。

本题领悟重点：推理技巧。推理的重点在于“选择”，选择的“方向”是已知要素，选择的“方法”是识别出与预设目标（解题）带有关联性的“条件、现象或者行为”，作为解决问题的切入点，这是寻找逻辑关系的切入点。

比如本题，根据“欲进大钟楼”，脑力自然会聚焦在“大钟”这个切入点上，再结合已知的“上下左右，下左上右，右上左下”这些现象，就不难联想出“坐标与大钟数字”之间的关联性。

本题让你清晰：逻辑性深深融入生活之中。现实生活里面，时刻都包含“逻辑性”。比如，门口有一个三位数的密码锁，旁边贴有一串字符：“CAB：二十一十二二二十二十一”。很明显，这组字符暗示了开门的密码。

其中：“一”既可以作为数字“1”，也可以作为减号“－”。“二”既可以作为数字“2”，也可以作为等于号“=”，“十”既可以作为数字“10”，也可以作为加号“+”。去试试：你能破解这组密码吗？

第 18 周

实战题

题 1：用套路解题 ★★

用套路解题的关键：准确理解题意，熟练使用公式。原计划在“12 份里面给小刘 5 份”，当“留下 10 斤后，新的 15 份里面给小刘 6 份，小刘少了 13 斤”，就有：5×（橘子重量 /12）– 13=6×（橘子重量 – 10）/15，得出橘子重量 =540 斤。答案：B。

题 2：用思路解题 ★★★★★

步骤 1，表达指令重点在“理解”。方向：给出的题目。方法：理解题意，识别出解题核心点。研究“求知”，明确需要找出解题的核心点是谁比原计划多了 15 斤。假定原来 12 份每份是 A 斤，后来 18 份每份是 B 斤。下面的思维模式能让你在思考问题的过程中思路清晰。

步骤 2，推理指令重点在“选择”。方向：聚焦已知。方法：选择出关联性最强的解题切入点。为了找出关联性，识别出“由原来 12 份变成 18 份”，是应选的解题切入点（外因）。

步骤 3，观察指令重点在“分辨”。方向：聚焦切入点。方法：分辨切入点特征，建立解题纽带。观察侧重“分辨”，脑力聚焦在切入点上，就不难分辨出前后数量之间的关系：12×A=18×B。简化为：B=A×2/3。这个特征是解题的纽带。

步骤 4，分析指令重点在“对比”。方向：聚焦纽带。方法：对比、计算或匹配，求出核心点。分析侧重“对比”，根据纽带，脑力聚焦在“对比”上。怎样对比呢？由于已知有一人按“每份 B 斤时，比按每份 A 斤多了 15 斤”，现在要通过计算去寻找“谁多了 15 斤”。

（1）如果小刘“多了 15 斤”，就有：7×B – 5×A=15，7×(2/3)×A – 5×A=15，A 是负数，不合理。

（2）如果小胡“多了 15 斤”，就有：6×B – 4×A=15，6×(2/3)×A – 4×A=0 ≠ 15，也不合理。

（3）如果小邓“多了 15 斤”，就有：5×B – 3×A=15，5×(2/3)×A – 3×A=15，由此算出 A=45。

步骤 5，判断指令重点在“认定”。方向：外因和内因。方法：复核思维过程，确认依据准确。原计划小刘 5 份、小胡 4 份、小邓 3 份，12 份每份 45 斤，橘子总共有 540 斤。答案：B。

第18周

本题领悟重点：步骤 4，分析环节。本题体验以及训练“匹配能力和技巧”。本题的解题“钥匙”隐藏在“比原计划多了 15 斤”里，面对形成的“B=A×2/3”这条纽带，在步骤 4 的分析环节应该怎样解题呢？这就需要学员具有“匹配能力”，要根据“多了 15 斤”这个已知，与“B=A×2/3”结合形成关系，用计算结果去进行“匹配”。这种“匹配能力”，是医生、律师等日常必备的“分析能力”。

学员要习惯对比每周的“套路题和思路题”，这两种“题目相似题型不同”的设计带有团队的预设目的。套路题的目的是帮助提升解题速度，为考试过程留出更多的富余时间；思路题的目的是帮助学员建立逻辑思路，同时储备实战“能力＋技巧＋自信”，提高竞争硬实力。

题外话　家长切莫“扮谦虚”，违背承诺

家长要对自家孩子保持适当的夸赞，才能够促使小朋友“敢于亮剑，再接再厉”，才有机会让小朋友“知耻而后勇，知弱而图强”。

孩子长期缺乏或没有家长的夸赞，能力弱者，容易自卑；能力强者，容易自傲，自傲容易萌生出漠视、傲慢与偏见。

睿智有阅历的家长，不会缺乏对孩子适当的夸赞，真实的角度也好，关爱的角度也罢，哪怕是鼓励的角度，这对孩子都是“百利大于害”。家长切莫“扮谦虚”，在别人面前掩盖、奚落、否定孩子的荣誉源。更关键的是，家长切莫违背对孩子的承诺，可以做出解释，但不能若无其事。

挑战题 西装的价格 ★★★★★★

小力说：学好数学必须熟识数字之间的属性，培养出与数字的亲和力。小力举了个例子，说：姐姐送他一套西装，总价是“AT4N”元，其中上衣是“MNPA”元，裤子是“PAMT”元，每个字母代表1—9（4除外）的不同数字。小力问：“你能告诉我总价‘AT4N’代表多少钱吗？”

实战题 鸡蛋和鸭蛋 ★★★★

1. 小胡仓库里鸡蛋和鸭蛋存货的箱数相同，鸡蛋每箱50颗，鸭蛋每箱60颗。小邓订购鸡蛋A箱，鸭蛋B箱，订购鸡蛋和鸭蛋的数量相同。小邓取货后，仓库剩余的鸭蛋比鸡蛋多一箱。问：“A + B”是多少箱？

A. 8　　B. 9　　C. 10　　D. 11

2. 小胡仓库里鸡蛋和鸭蛋存货的数量相同，鸡蛋每箱50颗，鸭蛋每箱60颗。小邓订购鸡蛋A箱，鸭蛋B箱。小胡检查存货发现：鸡蛋比小邓订购的多3箱，但鸭蛋少了2箱。问：“A + B”最少是多少箱？

A. 8　　B. 9　　C. 10　　D. 11

逻辑能提升你的思维能力。

《钥匙》的每组“难”题，都能让你熟识一组解决复杂问题的思维模型。

《钥匙》的题目是按锻造顶级思维竞争力进行设计的，小朋友经历50组复杂问题的锤炼，能够拥有解决复杂问题的硬实力，直接效果是建立解决复杂问题的自信。

解题

挑战题

西装的价格 ★★★★★★

步骤 1，表达指令重点在“理解”。方向：给出的题目。方法：理解题意，识别出解题核心点。预设的解题核心点是：字母与数字的关系。解《钥匙》的题不是难在有没有知识，而是难在有没有思路。

步骤 2，推理指令重点在“选择”。方向：聚焦已知。方法：选择出关联性最强的解题切入点。为了找出关联性，把“AT4N=MNPA + PAMT”组合起来，其中：“4 和 A”都来自“P + M”，并与数字“4”形成关联，是应选的解题切入点（外因）。

步骤 3，观察指令重点在“分辨”。方向：聚焦切入点。方法：分辨切入点特征，建立解题纽带。观察侧重“分辨”，聚焦在切入点，顺着“4 和 A”都来自“P + M”向前延伸：“A 与 4”之间有什么关联性呢？思考得出“A”只能是“4”的上下数字：“3 或者 5”。这个特征，是解题的纽带。

步骤 4，分析指令重点在“对比”。方向：聚焦纽带。方法：对比、计算或匹配，求出核心点。分析侧重“对比”，现在对比“A=3”和“A=5”这两个可能，识别出解题核心点（内因）。

（1）如果“A=3”，P 和 M 分别是“1”或者“2”，那么“4”肯定来自“（2 + 1）+ 1”，其中的“1”必然来自个位数“T + A”的“十进一”，这样就有“N + 10=T + A，N=T − 7”，因为 T ≤ 9，无论 N 是“1”还是“2”，都与 P 或者 M 产生重叠，不符合解题条件。

（2）如果“A=5”，由于 A 来自“P + M”，4 也来自“P + M”，由此得知“P + M ≠ 5”，P 和 M 只能是“1、3”，因为“4=P + M=1 + 3”，得出个位数的“A + T ＜ 10，T ＜ 5”，受已知条件限制，T 不可能是“1、3、4”，得出“T=2”，根据“N=A + T”，得出“N=7”。这是解题的核心点。

步骤 5，判断指令重点在“认定”。方向：外因和内因。方法：复核思维过程，确认依据准确。根据 A=5，T=2，N=7，得出：西装总价 AT4N=5247 元。

本题领悟重点：步骤 3，观察环节。本题考验学员思维的精细度和数理知识的基本功，比如，观察环节脑力聚焦在“字母 + 数字”时，要想方设法分辨出特征“A 只能是数字 3 或者 5”。本题解题思路精细，推荐学员多回顾领悟，本题不强调学员能够“做出来”，但要求学员仔细“看明白”，小朋友能够“清晰 + 透彻”领悟解题过程的思维路径，思维竞争力、对数理的认知都会有大幅度的提升。

实战题

题 1：用套路解题 ★

用套路解题的关键，准确理解题意，熟练使用公式。订购鸡蛋和鸭蛋的数量相同：50A=60B。取货后：（原来鸭蛋箱数 – B）–（原来鸡蛋箱数 – A）=1。由于“原来鸡蛋箱数 = 原来鸭蛋箱数”，就有 A – B=1，得出 A=6，B=5。小邓订购的鸡蛋和鸭蛋总数是 11 箱。答案：D。

题 2：用思路解题 ★★★

步骤 1，表达指令重点在“理解”。方向：给出的题目。方法：理解题意，识别出解题核心点。研究“求知”，需要找出“A、B”的最少量。每题不仅都有线索可寻，而且都锤炼一组思路。

步骤 2，推理指令重点在“选择”。方向：聚焦已知。方法：选择出关联性最强的解题切入点。为了找出关联性，识别出“鸡蛋比小邓订购的多 3 箱，但鸭蛋少了 2 箱”包含关联性，是应选的解题切入点（外因）

步骤 3，观察指令重点在“分辨”。方向：聚焦切入点，方法：分辨切入点特征，建立解题纽带。观察侧重“分辨”，已知鸡蛋和鸭蛋的包装不同，脑力根据“鸡蛋和鸭蛋存货数量相同”向前延伸：“存货数量相同”是指什么呢？肯定是指“鸡蛋和鸭蛋”有相同的“颗数”。现在根据切入点不难分辨出 50 × A + 3 × 50=60 × B – 2 × 60，求得 5A=6B – 27。这是解题的纽带。

步骤 4，分析指令重点在“对比”。方向：聚焦在纽带。方法：对比、计算或者匹配，求出内因。分析侧重“对比”，在对比纽带“5A=6B – 27”时，小朋友能够匹配出结果吗？

现在脑力锁定在对比上，“5A=6B – 27”，思维向前延伸：A 与 B 之间包含什么必然性呢？学员只要不言放弃，慢慢便会思考出（6B – 27）必须是“5”的倍数，根据要找出“订购的总数最少是多少箱”，“最少”界定了范围，由此匹配出：当“B”最小是“7”时，有“6 × 7 – 27=5 × 3”。这样成功对比出 B=7，A=3，这是解题的核心点（内因）。

第
19
周

步骤 5，判断指令重点在“认定”。方向：外因和内因。方法：复核思维过程，确认依据准确。小邓最少订购鸭蛋 7 箱，鸡蛋 3 箱，合计 10 箱。答案：C。

本题领悟重点：步骤 4，分析环节。当形成纽带“5A=6B－27”后，小朋友面对纽带时要养成这样的思考习惯和自信：我只要找出这条纽带隐藏的逻辑关系，我就能解题。这种习惯和自信，就是创造性思维的基础。

小朋友看解题要坚持“一个步骤＋一番思考”，要知道，融通上一个步骤的思维技巧，对下一个步骤的思维具有极大的启发，如此不懈地锤炼和操练，很快就能提升自身延伸能力、想象力和创造力。加油！

题外话 分析手段注重“对比、计算、匹配”

分析手段注重“对比、计算、匹配”，这说明求出结果（结论）的方式是多样的。课堂上，教师通常是传授“套路”解题，所以小朋友接触的大部分题，是通过公式“套进去计算”得出结果的。

而处理现实问题，特别是强竞争性的考试，更加注重“思路”，体现出来的是解题过程，不能简单地套用公式求出结果，而是需要运用“延伸能力＋想象力”去求出答案。

想象力源自脑力运动的“延伸”，为帮助学员由“套路”思维转变为“思路”思维，虽然《钥匙》的挑战题、实战题有点“难”，但只有这些“思路”题，才能进行有效的“延伸”启蒙，才能提升思维竞争力。

挑战题 这是什么鱼？ ★★★★

亮叔叔去钓鱼，晚上用钓的鱼请小刘、小邓、小胡、小关、小梁五个小朋友吃饭，亮叔叔在鱼身上挂有 A、B、C、D、E 五个标签，说：“今天钓有鲈鱼、鲩鱼、鲢鱼、鲮鱼和鲤鱼五种，你们每人能准确说出两种鱼的名称吗？”

小刘说：A 是鲈鱼，B 是鲩鱼。小邓说：B 是鲤鱼，C 是鲢鱼。

小胡说：B 是鲢鱼，D 是鲮鱼。小关说：C 是鲩鱼，E 是鲈鱼。

小梁说：A 是鲤鱼，D 是鲢鱼。

亮叔叔听完后，哈哈一笑，说：“小朋友都只说对了一半。”那么，你能推出 A、B、C、D、E 各是什么鱼吗？

实战题 蓝珠子、黄珠子 ★★★★★★

1. 我从瓶子里拿出蓝、黄珠子分给 4 个朋友，蓝、黄珠子数量一样，每人送 3 粒蓝珠子，剩余蓝珠子的数量是每人送 5 粒黄珠子剩余黄珠子数量的 2 倍。问：瓶子里蓝、黄珠子合计有多少粒？

A. 36　　B. 43　　C. 56　　D. 62

2. 我从瓶子里拿出蓝、黄珠子分给 4 个朋友，蓝珠子按每次 3 粒从瓶子拿出来后，瓶子里剩余的蓝珠子是黄珠子按每次 7 粒从瓶子拿出来后剩余数量的 2 倍。问：瓶子里蓝、黄珠子合计最少有多少粒？

A. 36　　B. 43　　C. 56　　D. 62

逻辑能让你变得更加“聪明”。

《钥匙》操练精准思考、解决问题的思维“步骤 + 方向 + 方法”。

解题

挑战题

这是什么鱼？★★★★

步骤 1，表达指令重点在“理解”。方向：题目。方法：通过理解题意，已知条件是互为对等关系，最适合用推理指令识别“对等关系”的关联性，选择出解题切入点。

步骤 2，推理指令重点在“选择”。方向：互为对等关系。方法：针对已知对等的“条件、现象或行为”，选择出与解题关联性最强的显性或隐性要素，作为解题的切入点。

五句话里面小胡说“B 是鲢鱼，D 是鲮鱼”，其中“鲮鱼”是唯一提及的选项，结合“每人都只是说对了一半”，选择出解题切入点是小胡说的话，并且推理出“D 是鲮鱼，B 不是鲢鱼”这个结论。接着：

（1）根据小梁所说，“D 是鲢鱼”错误，那么“A 是鲤鱼”正确；

（2）根据小刘所说，“A 是鲈鱼”错误，那么“B 是鲩鱼”正确；

（3）根据小邓所说，“B 是鲤鱼”错误，那么“C 是鲢鱼”正确；

（4）根据小关所说，“C 是鲩鱼”错误，那么“E 是鲈鱼”正确。

最后得出：A 是鲤鱼，B 是鲩鱼，C 是鲢鱼，D 是鲮鱼，E 是鲈鱼。

本题领悟重点：缜密和细心。有些人解题觉得难，觉得“没有头绪”，那不是智力不好，而是“脑力飘忽”。“脑力飘忽”是因为脑力运动缺乏“指令”，“指令”的功能是锁定思维的“方向 + 方法”。

比如本题，推理注重选择切入点，“小胡说：B 是鲢鱼，D 是鲮鱼”，小胡是唯一提及“鲮鱼”的，不能发现这个切入点，无法解题。怎样才能发现这个切入点呢？不复杂，只要注意力集中，根据“小朋友都只说对了一半”，就能发现“鲮鱼”是唯一正确的“那一半”。

每周坚持做“挑战题”，既有娱乐性，也能够提高对问题的亲和力，关键是能够培养和帮助小朋友“建立思路 + 把握主题 + 抓住核心”。一周一组，一年融会贯通，拥有思维竞争力。

实战题

题 1：用套路解题 ★

用套路解题的关键：准确理解题意，熟练使用公式。蓝珠子剩余的数量 = 蓝珠子的数量 − 4×3，黄珠子剩余的数量 = 黄珠子的数量 − 4×5。蓝珠子剩余的数量 =2× 黄珠子剩余的数量，已知蓝珠子的数量 = 黄珠子的数量，则（蓝珠子的数量 − 4×3）=2×（蓝珠子的数量 − 4×5），得出蓝珠子的数量 =28，蓝、黄珠子合计是 2×28=56 粒。答案：C。

题 2：用思路解题 ★★★★★

步骤 1，表达指令重点在“理解”。方向：给出的题目。方法：理解题意，识别出解题核心点。预设解题核心点是：要找出“两种珠子各自的最少数量”。提示：理解题意正确，目标准确，是成功解题的第一步。

步骤 2，推理指令重点在“选择”。方向：聚焦已知。方法：选择出关联性最强的解题切入点。为了找出关联性，识别出应选“每次拿出 3 粒剩余的蓝珠子是每次拿 7 粒剩余黄珠子的 2 倍”，这个“现象”产生关联性，是解题时需要重点思考的切入点（外因）。

步骤 3，观察指令重点在“分辨”。方向：聚焦切入点。方法：分辨切入点特征，建立解题纽带。观察侧重“分辨”，注意力集中在“发掘关联性”，怎样发掘？顺着“切入点”的直观部分向前延伸：“3”和“7”究竟隐藏了什么秘密呢？慢慢分辨出：剩余蓝珠子既“小于 3”，又是“剩余黄珠子的 2 倍”，剩余的蓝珠子必然是 2，剩余的黄珠子自然是 1。这是解题的纽带。

步骤 4，分析指令重点在“对比”。方向：聚焦纽带。方法：对比、计算或匹配，求出核心点。分析侧重“对比”，由于“分给 4 个朋友”，对比出：蓝珠子最少 3×4+2=14 粒，黄珠子最少 7×4+1=29 粒。这是解题核心点（内因）。

步骤 5，判断指令重点在“认定”。方向：外因和内因。方法：复核思维过程，确认依据准确。蓝珠子、黄珠子加起来最少有 14+29=43 粒。答案：B。

本题领悟重点：步骤 3，观察环节。本题的解题“钥匙”隐藏在“拿出 3 粒 + 2 倍”里，解题之所以会遇到困难，通常是没有寻找到逻辑关系，没有分辨出“每次拿 3 粒剩余的蓝珠子”对应特征是“0 < 剩余蓝珠子 < 3”。学员解题需要“缜密 + 细心”的思维，解题的过程也培养和操练这种思维。

家长经常提醒孩子“要细心”，但怎样才能“细心”呢？培养细心也要有工具，比如本题，“指令”引导去分辨关联特征，必须细心才能分辨出“0 < 剩余蓝珠子 < 3”这个特征，这个过程同步培养了“细心”。

小朋友解《钥匙》的题，需要细心去推理、观察、分析，这个过程就是培养细心的过程。《钥匙》是培养小朋友处理问题要细心的工具，思维流程的“指令”充当了引导小朋友细心处理问题的手段。

恭喜你，第二阶段训练完成

花点时间，回顾一下每道题的思维特点及其思维的延伸方式，

归纳一下自己感受深刻的思维模型，这对形成正确的思维习惯帮助巨大。

两个星期后，尝试独立完整地重做这 10 组题，测试自己能够得多少颗★。

准备挑战第三阶段的学习和训练，加油！

第三阶段启蒙目标：强化思维指令

第三阶段有 10 组题，循序渐进，辅助学员培养正确的“思维习惯”。做题过程要按流程“步骤”解题，借助每个步骤的“指令”，引导思考问题的“方向 + 方法”。本阶段是启蒙训练的中间段，在这个阶段，要完全理解各个思维流程的“步骤 + 指令”，并强化“指令”在学习中的运用。

牢记和领悟思维的五个“秘诀”

掌握“以规则的不变，应对问题的万变”的思维能力

逻辑思维模型（思维习惯）

步骤 1　步骤 2　步骤 3　步骤 4　步骤 5

步骤 1 表达逻辑，表达指令要求脑力重点放在“理解”。对外，通过展现依据，让别人理解你的结论。对内，方向：题目。方法：理解题意，领会“已知”，研究“求知”，预设出解题核心点（内因、内核）。

步骤 2 推理逻辑，推理指令要求脑力重点放在“选择”。方向：聚焦已知要素。方法：针对已知的外部“条件、行为或者现象”，选择出或者组合出关联性最强的要素，作为应选的解题切入点（外因、显象）。

步骤 3 观察逻辑，观察指令要求脑力重点放在“分辨”。方向：聚焦切入点。方法：分辨出切入点显性或隐性特征，或分辨出对切入点带有针对性补充的要素，确立出要点、公式、定律，作为解题的纽带。

步骤 4 分析逻辑，分析指令要求脑力重点放在“对比”。方向：聚焦纽带。方法：通过对比、计算或匹配，求出体现事物内在“意图、本质或根源”的要素，这个要素是解题的核心点（内因、内核）。

步骤 5 判断逻辑，判断指令要求脑力重点放在“认定”。方向：聚焦构成解题依据的切入点和核心点。方法：首先假定结论能够成立，如果支持结论的切入点和核心点无法否定，结论才能够肯定。

劝学逻辑　把握机会

世界大同，儿女辉煌始于足下；天地差异，父母睿智取舍之中

学员思考如何解题的过程就是端正“思维习惯”的过程，潜移默化，久习成性，学员将会同步树立两大优势的“思维习惯”：

（1）端正思考问题的技术层面：思维的“步骤 + 方向 + 方法”。

（2）树立思考过程的个性控制：思维的“缜密 + 耐性 + 自信”。

这两个方面是《钥匙》项目的预设目标，创作团队亲历见证这两方面的重要性，因为重视，培养这两个优势是《钥匙》项目的训练重点。

冲击《钥匙》的目标，加油

五个阶段的任何一个阶段，在十组题里面

独立解题得到 00—49 颗★，思维竞争力有望：前 50%。

独立解题得到 50—59 颗★，思维竞争力有望：前 40%。

独立解题得到 60—69 颗★，思维竞争力有望：前 30%。

独立解题得到 70—77 颗★，思维竞争力有望：前 20%。

独立解题得到 78—85 颗★，思维竞争力有望：前 10%。

独立解题得到 86—91 颗★，思维竞争力有望：前 5%。

独立解题得到 92—99 颗★，思维竞争力有望：前 1%。

一周一组，欲速不达，循序渐进，久习成性

争取在第三阶段回顾的时候，能够得到 78 颗★以上

挑战题 解码训练 ★★★★★

这是一组“密码组合训练题”，根据第一、第二和第三组的数字，运用逻辑能力写出第四组的电子密码数字。

第一组：7 2 6 8 3 5 9 4　　第二组：4 9 3 5 0 2 6 1

第三组：8 3 7 9 4 6 0 5　　第四组：________

实战题 小刘卖水果 ★★★★★

1. 小刘有一袋桃子和李子，桃子的数量差 6 个就是李子数量的一半，如果小刘卖出全部的桃子，也卖出了同样数量的李子后，剩下的李子数量有 25 个。问：小刘的“桃子 + 李子”总数是多少个？

A. 33　　B. 45　　C. 51　　D. 62

2. 小刘有一袋桃子和李子，桃子的数量差 6 个就是李子数量的一半，如果小刘每次同时拿出 2 个桃子和 7 个李子，剩下数量的比例是：桃子 / 李子 =1/5。问：小刘的“桃子 + 李子”总数是多少？

A. 33　　B. 45　　C. 51　　D. 62

逻辑是思考问题的“导航仪”。

《钥匙》的每一题都能帮助你开发出一条解决问题的思维路径。

做题看解题要“一个步骤 + 一番思考”，还要争取“一番思考 + 一组领悟”，既然辛辛苦苦努力做题，就要扎扎实实有所收获，一组题目一组灵感，积微成著，启蒙效果必然十分显著。

★表示思维难度，难度越高，★越多。

解题

挑战题

解码训练 ★★★★★

步骤 1，表达指令重点在“理解”。方向：给出的题目。方法：理解题意，识别出解题核心点。预设解题核心点是：找出“数字的变化规律”。提示：每一题不仅启发一种思维方法，也端正一次思维习惯。

步骤 2，推理指令重点在“选择”。方向：聚焦已知。方法：选择出关联性最强的解题切入点。为了找出关联性，应将 3 组数字组合起来，作为解题的切入点（外因）。

步骤 3，观察指令重点在“分辨”。方向：聚焦切入点。方法：分辨切入点特征，建立解题纽带。观察侧重“分辨”，脑力锁定分辨 3 组数字的关联特征。怎样分辨？先通过识别出“切入点”的个性特征，再识别产生这些特征的根源。脑力顺着切入点向前延伸，发现第二、第三组都出现“0”，这个现象，通常来自数字之间的“相加相减或乘以 5”，从而得出这个解题的纽带。

步骤 4，分析指令重点在“对比”。方向：聚焦在纽带。方法：对比、计算或者匹配，求出内因。分析侧重“对比”，脑力聚焦在“纽带”，就有机会识别出：第二组“0”的位置对应第一组的“3”，来自“10=3 + 7”；第三组“0”的位置对应第二组的“6”，来自“10=6 + 4”。通过对比发现“7 和 4”都是前组数字的首位数字。得出规律：后组数字，是前面组数字以首位数字为核心，然后将这个数字与这组数字依次进行相加，再取个位数进行排列。这是解题的核心点（内因）。

步骤 5，判断指令重点在“认定”。方向：外因和内因。方法：复核思维过程，确认依据准确。根据（内因），通过验证，最后得出第四组数字是“6 1 5 7 2 4 8 3”。

本题领悟重点：步骤 3，观察环节。单独来讲，遵循“指令”引导不难，也知道注意力需要集中，解题的数理知识皆已具备，但是，要把它们融合在一起，形成一股“合力”去解决一个问题，必须有合适的平台去操练整合技巧，否则很难“培养 + 操练”出这些“组织力”。

比如，本题由三组简单数字组成，如果学员缺乏“组织力”或整合能力，便很难从第二、第三组出现的“0”识别出这就是解题的纽带。学员融通本题的解题过程，对整合“组织力”有潜移默化的启发。

实战题

题 1：用套路解题 ★

用套路解题的关键：准确理解题意，熟练使用公式。假定桃子的数量有 A 个，李子的数量是 B 个，根据两个已知条件，分别得出桃子与李子的两种关系：A + 6=B/2，B－A=25。求得：A=13 个，B=38 个，A + B=51 个，桃子、李子总共 51 个。答案：C。

题 2：用思路解题 ★★★★

步骤 1，表达指令重点在“理解”。方向：给出的题目。方法：理解题意，识别出解题核心点。根据“求知”的引导，延伸出需要找出的解题核心点是“小刘拿了多少次桃子和李子出来”。假定是“M”次。提示：每一题不仅有线索可寻，而且塑造一组思路。

步骤 2，推理指令重点在“选择”。方向：聚焦已知。方法：选择出关联性最强的解题切入点。为了找出关联性，在“桃子的数量差 6 个就是李子数量的一半”和“剩下数量比例：桃子/李子 =1/5”之间，后者的思维空间比较广，关联性比较丰富，更适合作为应选的解题切入点（外因）。当然，把两个结合起来作为切入点也可以。

步骤 3，观察指令重点在“分辨”。方向：聚焦切入点。方法：分辨切入点特征，建立解题纽带。观察侧重“分辨”，根据切入点，脑力顺着切入点向前延伸：“1/5”究竟暗藏了什么呢？结合“同时拿出 2 个桃子和 7 个李子”，慢慢分辨出：如果剩下桃子数量＞1，剩下的李子数量必然＞7，这样就会“多拿 1 次”，所以剩下的桃子数量肯定是 1，也不应该是“0”，李子自然是 5。得出：桃子数量 =2 × M + 1，李子的数量 =7 × M + 5。这个特征是解题的纽带。

步骤 4，分析指令重点在“对比”。方向：聚焦纽带。方法：对比、计算或匹配，求出核心点。分析侧重“对比”，根据“桃子的数量差 6 个就是李子数量的一半”，得出：李子/2= 桃子 + 6，代入计算：（7 × M + 5）/2=（2 × M + 1）+ 6，M=3，这是解题的核心点（内因）。

步骤 5，判断指令重点在“认定”。方向：外因和内因。方法：复核思维过程，确认依据准确。认定：桃子 =2 × 3 + 1=7 个，李子 =7 × 3 + 5=26 个，桃子、李子的总数是 33 个。答案：A。

第 21 周

本题领悟重点：步骤 3，观察环节。本题的解题“钥匙”隐藏在“剩余比例 1/5”里。本题的设计意图，是“测试 + 训练”学员脑力的“延伸 + 想象”能力，以及“考验 + 提升”思维的“精细度 + 灵活性”。

比如，在分辨“桃子/李子 =1/5”时，脑力要从“1/5”延伸至与已知条件相结合，要将“1/5”与“拿出 2 个桃子和 7 个李子”进行对接（遵循本期首页“秘诀”中的步骤 3），这样才有机会分辨出特征：剩下的桃子数量不可能大于 1。

《钥匙》设计题目，侧重暴露学员思维上存在的短板，重点在于如何才能有效寻找出已知与求知的逻辑关系。思维短板无非存在于“思维的角度 + 延伸的维度”中，《钥匙》的每一组题，都致力于开阔这方面的能力和技巧。

题外话 解题“思路 + 技巧”是怎样形成的呢?

有学员和家长问：“看《钥匙》解题很简单，为什么自己解题就这么难呢？”问得好！首先，做题难不要紧，这无非是暴露了思维习惯上存在有闭塞的节点，这是好事，因为“能够发现 = 可以改变”。学员思维过程闭塞的节点不疏通，思维路径便不可能流畅。

其次，《钥匙》解题之所以简单，是因为有“思路 + 技巧”，形成这些解题能力并不十分困难，但需要“时间 + 耐性”。《钥匙》强调：做题遇到困难，代表思考问题的过程出现短板。学员看解题不要一次看完全部五个步骤的解题，要“一个步骤 + 一番思考”，要“先思考 + 后修正”，这是形成解题“思路 + 技巧”的必备过程。学员能坚持每周回顾三次，也许半年或者一年，这些“思路 + 技巧”就是属于自己的了。

挑战题 老妈分配食物 ★★★★★

1. 中秋节前，妈妈买了京、粤、沪、桂、湘式月饼各一盒，我问：“粤式月饼多少钱一盒？”妈妈说：“五盒 435 元，京、粤、沪式月饼均价 86 元，粤、桂、湘式月饼均价 91 元。”请你说说：粤式月饼多少钱一盒？

2. 妈妈准备好 11 条面包和 11 颗鸡蛋分给三个孩子。其中，老大面包 1/2，鸡蛋 1/6；老二面包 1/3，鸡蛋 1/4；老三面包 1 个，鸡蛋 1/2。按妈妈的意图，三人分得的面包和鸡蛋分别是多少？

实战题 古玩市场 ★★★★★

1. 春节期间，小力、小豆各收到 1 个 10 元的红包，他们用红包的钱在旧货市场各自淘了 1 样东西，投资比例是：小力 / 小豆 =6/5。两人进行加工后，又把东西再卖出，小豆赚了 7 元，回收比例是：小力 / 小豆 =5/6，问：他们总共赚了多少钱？

A. 9　　B. 10　　C. 11　　D. 12

2. 春节期间，小力、小豆各收到 1 个 10 元的红包，他们用红包的钱在旧货市场各自淘了 1 样东西，小力投资比小豆多 6 元。后来两人进行加工后，以相同价格把东西卖出，小豆赚了 4 倍，他们的利润加起来赚了 18 元。问：他们总共投资了多少钱？

A. 9　　B. 10　　C. 11　　D. 12

逻辑“指令”带有强烈的提醒功能：

在这个步骤需要思考什么，在这个步骤需要怎样思考。

解题

挑战题

题 1 ★

用套路解题的关键：准确理解题意。京 + 沪 + 粤 + 桂 + 湘 =435 元，京 + 粤 + 沪 =3×86=258 元，粤 + 桂 + 湘 =3×91=273 元，（京 + 粤 + 沪）+（粤 + 桂 + 湘）－（京 + 沪 + 粤 + 桂 + 湘）=531－435=96 元，粤式月饼 96 元一盒。

题 2 ★★★★

步骤 1，表达指令重点在“理解”。方向：给出的题目。方法：理解题意，识别出解题核心点。预设解题核心点是：找出“食物的合理分配方式”。领悟和累积下面的思维模式，能让思考变得更加灵活。

步骤 2，推理指令重点在“选择”。方向：聚焦已知。方法：选择出关联性最强的解题切入点。把三个已知条件结合起来作为应选的解题切入点（外因）。

步骤 3，观察指令重点在“分辨”。方向：聚焦切入点。方法：分辨切入点特征，建立解题纽带。观察侧重“分辨”，脑力顺着切入点向前延伸：比例不同，应该怎么分辨呢？既然不同，那就先让鸡蛋的分配具有“公分母 12”，鸡蛋的分配变成 2/12 + 3/12 + 6/12=11/12，同理，面包的分配也变成 6/12 + 4/12 + 1/12=11/12。这些特征是解题纽带。

步骤 4，分析指令重点在“对比”。方向：聚焦纽带。方法：对比、计算或匹配，求出核心点。分析侧重“对比”，顺着纽带延伸：为什么少了 1 个面包和 1 颗鸡蛋呢？思考根源：原来面包、鸡蛋应该都是 12，妈妈先各取其 1，也就是说，要按“12 进行分配”，这是解题核心点。

步骤 5，判断指令重点在“认定”。方向：外因和内因。方法：复核思维过程，确认依据准确。有了核心点，马上得出答案：老大分得面包 6 条、鸡蛋 2 个，老二分得面包 4 个、鸡蛋 3 颗，老三分得面包 1 个、鸡蛋 6 颗。

本题领悟重点：步骤 3，观察环节。本题解题“钥匙”隐藏在“思考任何问题都必须使用统一的计量单位”。比如本题，在观察环节分辨切入点的特征时，切入点没有统一的计量单位，怎样分辨呢？必须让切入点具有同样的公分母 12。当三个分配比例都有相同的公分母 12 后，在分析环节就有了比较清晰的对比下手点。

本题可以领悟：思维延伸能力、创造性思维能力不会无缘无故生成与强大，如同运动员需要训练一样，思维竞争力、学习竞争力同样需要训练才能够得到提升。

实战题

题 1：用套路解题 ★

用套路解题的关键：准确理解题意，熟练使用公式。“10 元的红包”代表出资范围不超过 10 元，出资比例是 6/5，代表小力出资 6 元，小豆出资 5 元。小豆赚 7 元就是小豆回收 5 + 7=12 元，根据回收钱的比例 5/6，得出小力回收 10 元赚 4 元。得出：他们总共赚了 11 元。答案：C。

题 2：用思路解题 ★★★★

步骤 1，表达指令重点在“理解”。方向：给出的题目。方法：理解题意，识别出解题核心点。根据“小豆赚了 4 倍”，核心点自然是“小豆究竟赚了多少钱”。同时明确：两人的出资范围不超过 10 元。提示：理解题意正确，设定目标准确是成功解题的第一步。

步骤 2，推理指令重点在“选择”。方向：聚焦已知。方法：选择出关联性最强的解题切入点。为了找出关联性，“小力投资比小豆多 6 元”信息量大，是解题的切入点（外因）。

步骤 3，观察指令重点在“分辨”。方向：聚焦切入点。方法：分辨切入点特征，建立解题纽带。观察侧重“分辨”，脑力顺着切入点“小力投资比小豆多 6 元”向前延伸：小力、小豆究竟投资了多少本钱呢？已知出资范围不超过 10 元，很容易分辨出有四种出资组合：小力 10 元、小豆 4 元，小力 9 元、小豆 3 元，小力 8 元、小豆 2 元，小力 7 元、小豆 1 元，这几个特征是解题的纽带。

步骤 4，分析指令重点在“对比”。方向：聚焦纽带。方法：对比、计算或匹配，求出核心点。分析侧重“对比”，“小豆赚了 4 倍”代表小豆售价是（4 + 1）× 投资款。就有：

（1）组合 1：小力 10 元、小豆 4 元。小豆卖出价 =（4 + 1）×4=20 元，利润 16 元，小力卖出价 20 元，利润 10 元。合计利润 26 元。

（2）组合 2：小力 9 元、小豆 3 元。小豆卖出价 =（4 + 1）× 3=15 元，利润 12 元，

小力卖出价 15 元，利润 6 元。合计利润 18 元。

（3）组合 3：小力 8 元、小豆 2 元。小豆卖出价 =（4 + 1）× 2=10 元，利润 8 元，小力卖出价 10 元，利润 2 元。合计利润 10 元。

（4）组合 4：小力 7 元、小豆 1 元。小豆卖出价 =（4 + 1）× 1=5 元，利润 4 元，小力卖出价 5 元，小力亏本 2 元。

对比得出，只有“组合 2”的合计利润是“18 元”，这是解题核心点（内因）。

步骤 5，判断指令重点在“认定”。方向：外因和内因。方法：复核思维过程，确认依据准确。根据利润加起来是 18 元，他们的总投资是组合（2），9 + 3=12 元。答案：D。

本题领悟重点：步骤 4，分析环节。本题训练如何通过“对比、计算、匹配”求出结果。比如，在得知有四种投资组合后，要知道“小邓赚了 4 倍”代表小豆的售价是（4 + 1）× 投资款，然后逐个去进行计算和匹配，题可解。如果小朋友能够独立成功解题，说明这个小朋友具备精细、耐性和严密的思维基础。加油！

题外话　“接受能力强”来自哪里？

学生思考问题具有逻辑性，代表吸收教师的授课内容也具有逻辑性，结果是接受能力强。为什么呢？因为教师授课的过程需要遵循逻辑性，如果学生具有逻辑性，师生间“授 + 受”就有了逻辑性这条对接的通道，所以学生逻辑性强，接受能力自然就强。

挑战题 帮助解码 ★★★★★

下面有四组保险箱密码，警察只发现两组完整的密码，其余两组有部分残缺，现在警察需要掌握强大逻辑能力的高手帮忙，你能根据下面完整的两组密码，帮助警察叔叔修复残缺的另外两组密码吗？

第一组：F3612K　　第二组：R160 □□

第三组：M09P06　　第四组：C □□ H14

实战题 雪梨与苹果 ★★★★★

1. 我有雪梨和苹果总共 153 个，当我拿出 1/5 雪梨给小胡、18 个苹果给小刘，剩余的雪梨、苹果数量刚好相等。问：你知道我原有的苹果是多少个吗？

A. 75　　B. 78　　C. 83　　D. 88

2. 我有雪梨和苹果总共 153 个，当我拿出 1/5 雪梨和 18 个苹果后，剩余的雪梨数量是 AB、苹果数量是 BA，A、B 代表 1—9 的一个数字，不重复。问：我原有苹果多少个？

A. 75　　B. 78　　C. 83　　D. 88

完成五个“步骤”的解题之后：

要“验证”或者“修正”自己的思路，重点在领悟思维的“步骤 + 方向 + 方法”。

《钥匙》团队鼓励学员：边学边用，活学活用。越早“熟练掌握 + 懂得应用”逻辑思路，越早拥有思维“逻辑性 + 竞争力”。

解题

挑战题

帮助解码 ★★★★★

步骤 1，表达指令重点在“理解”。方向：给出的题目。方法：理解题意，识别出解题核心点。预设解题核心点是：找出“数字与字母的对应关系”。每一题不仅启发一种思维方法，而且端正一次思维习惯。

步骤 2，推理指令重点在“选择”。方向：聚焦已知。方法：选择出关联性最强的解题切入点。为了找出关联性，“F3612K”和“M09P06”两组密码完整，是应选的解题切入点（外因）。

步骤 3，观察指令重点在“分辨”。方向：聚焦切入点。方法：分辨切入点特征，建立解题纽带。观察侧重“分辨”，如果直观分辨不出结果，脑力就要延伸，怎样延伸？脑力顺着“F3612K”和“M09P06”向前延伸，把数字和字母拆开思考。第三组拆开是“09＋06”，数字都与“3”有关，“9=3×3，6=3＋3”。第一组拆开是“36＋12”，数字都与“6”有关，“36=6×6，12=6＋6”。针对字母，分辨出：“F 与 K 相隔 4 个数字，M 和 P 相隔 2 个数字”，这些特征显然是解题的纽带。

步骤 4，分析指令重点在“对比”。方向：聚焦纽带。方法：对比、计算或匹配，求出核心点。分析侧重“对比”，对比数字得出规律：密码的前两个数字是某个数字的“相互相乘”，后两个数字是这个数字的“相互相加”。再对比字母，慢慢也发现规律：字母之间相隔数字的“数量”是对应两个字母的分隔“数量”。这些规律是解题的核心点（内因）。

步骤 5，判断指令重点在“认定”。方向：外因和内因。方法：复核思维过程，确认依据准确。认定外因和内因正确，识别第二组密码 R160 □□，其中 16=4×4，得出第一个□ =4＋4=8，第二个□是与 R 相隔四个位置的字母“W”，认定第二组密码是 R1608W。同理，识别第三组密码 C □□ H14，其中 14=7＋7，那么□□ =7×7=49，认定第三组密码是 C49H14。

本题领悟重点：步骤 3，观察环节。能够用观察“指令”去约束思维的“方向”，脑力聚焦切入点，虽然困难重重，但仍努力进行“脑力延伸”，怎样延伸？想方设法找出字符之间或者数字与字母之间的关联性。脑力有了目标，学员慢慢便会想到“把密码拆分”试试。一个人的“想象力”就是这样培养起来的，解题过程同步建立学员解决复杂问题的“自信＋毅力”。

解这题的时候，如果没有想象到“把密码拆分”这条途径，通常是“延伸的空间不够广阔”。“挑战题”带有强启发性，之所以感觉“挑战题”“难”，是因为按锤炼“想象力”进行设计，“难”才能暴露小朋友思维习惯上存在的“短板”，如果“发现一个消除一个”，日积月累，能不聪明？

实战题

题 1：用套路解题 ★

用套路解题的关键：准确理解题意，熟练使用公式。苹果 =（153 – 雪梨），（1 – 1/5）× 雪梨 = 苹果 – 18，得出（1 – 1/5）× 雪梨 =（153 – 雪梨）– 18，求出原有雪梨 75 个，苹果 78 个。答案：B。

题 2：用思路解题 ★★★★

步骤 1，表达指令重点在“理解”。方向：给出的题目。方法：理解题意，识别出解题核心点。预设解题核心点是：找出“A、B 与数字的直接关系”。题目“难解”不代表“无解”，关键在解题思路是否正确。

步骤 2，推理指令重点在“选择”。方向：聚焦已知。方法：选择出关联性最强的解题切入点。识别已知因素，为了找出关联性，把“拿出 1/5 雪梨和 18 个苹果后，剩余的雪梨数量是 AB，苹果数量是 BA”结合起来，作为应选的解题切入点（外因）。

步骤 3，观察指令重点在“分辨”。方向：聚焦切入点。方法：分辨切入点特征，建立解题纽带。观察侧重“分辨”，根据切入点，脑力向前延伸：“拿出 1/5 雪梨”后数量是 AB，原来的雪梨数量是 5×（AB/4），“拿出 18 个苹果”后数量是 BA，原有的苹果数量是（BA + 18）。得出 5×（AB/4）+（BA + 18）=153，简化：5 × AB + 4 × BA=540。

脑力顺着“5 × AB + 4 × BA=540”向前延伸：尾数“0”是怎样产生的呢？已知条件“A、B 代表 1—9 的一个数字，不重复”暗示了什么呢？这就有机会分辨出：B 一定是“双数”，A 一定是“5”。这两个特征是解题的纽带。

步骤 4，分析指令重点在“对比”。方向：聚焦纽带。方法：对比、计算或匹配，求出核心点。分析侧重“对比”，面对纽带“A=5，B 是双数”，怎样对比呢？加油，努力发挥想象力。

把注意力集中在“A=5，B 是双数”，脑力多维度向前延伸：“5×AB”的范围在哪里呢？这样马上得出 5×52＜5×AB＜5×58，“260＜5AB＜290”。结合“540”，就有“250＜4BA＜280”，因为在 4×BA 里面，4×A=20，不难对比出 4×B 只能在 23—26 之间，由此得出唯一结果：B=6。这是解题的核心点（内因）。

步骤 5，判断指令重点在“认定”。方向：外因和内因。方法：复核思维过程，确认依据准确。确认：AB=56，BA=65，雪梨数量 5×AB/4=70 个，苹果数量 BA＋18=83 个。答案：C。

本题领悟重点：步骤 3、步骤 4。当得出“5×AB＋4×BA=540”后，脑力要坚定不移地锁定在“分辨关联性的特征”上。首先，关联性在哪里呢？在怎样才能够形成“0”。特征在哪里呢？在产生“0”的根源。这样就有机会从“0”脑力延伸至分辨出“A=5，B 是双数”这个特征。

在分析环节，重点“考验＋训练”想象空间，如果缺乏想象空间，就很难确定“5×AB”的范围在“260—290”之间。建议反复领悟整个解题的思维过程，重点斟酌一下：我为什么会疏忽“这样去思考”呢？这种思维历练对强化想象力和想象空间，具有很大的启发作用。

题外话 解题依靠刷题，永远刷不赢

学员经常有这样一种现象：所谓难题一经别人点拨，立刻可解。但缺乏点拨，自己就是做不出来。这说明什么？说明：（1）已经具备解题所需要的知识是已经具备的；（2）缺乏逻辑“指令”去引导解题的思维“方向＋方法”，简单说就是缺乏想象力，想象空间比较窄。

如果认为这个原因来自“刷题不够”，那么势必事与愿违。要知道，解题靠刷题，永远刷不赢，因为刷题永远刷不出想象力，永远刷不出想象空间，睿智的做法是一劳永逸，建立起逻辑思维流程，塑造出以思维规则的不变，应对问题的万变的能力。

挑战题 C小朋友妈妈厉害 ★★★

A、B、C、D、E五个小朋友去公园玩得满头大汗，校服都堆在一起。天色已晚，五个小朋友匆忙回家，但他们的校服拿错了，其中：

A拿的校服不是B的，也不是D的， B拿的校服不是C的，也不是D的，C拿的校服不是B的，也不是E的， D拿的校服不是C的，也不是E的，E拿的校服不是A的，也不是D的。

C小朋友的妈妈很快就把C拿错的衣服还给了别人。问：她还给谁了？

实战题 快递货物 ★★★★★★★

1. 快递店长分配派送货物，有A、B两组，如果货物全部交A组派送，A组每人派送12件，如果货物由A、B两组对半分，B组每人派送5件。已知A组的人数比B组的人数少4人。问：货物总共有多少件？

A. 240　　B. 252　　C. 264　　D. 278

2. 快递店长分配派送货物，有A、B两组，如果货物全部交A组派送，A组每人派送12件，如果按总人数均分货物，B组每人派送5件，后来货物新增144件，平均每人添加6件。问：货物总共有多少件？

A. 240　　B. 252　　C. 264　　D. 278

逻辑让你拥有解决问题的“钥匙”。

每道难题都有机会让你从“百思不解”之中收获一组“思维秘钥”。

《钥匙》设计的题，重点不是为了教数学，而是培养学员的逻辑思维能力。解题过程中，学员经常需要“脑力延伸”，这个延伸过程既发挥想象力，也培养想象力。

解题

挑战题

C 小朋友妈妈厉害 ★★★

步骤 1，表达指令重点在“理解”。方向：题目。方法：通过理解题意，已知条件是互为制约关系，最适合用判断指令，通过假定核心点（内因），去解决问题最有效。

步骤 2，判断指令重点在“认定”。方向：已知的制约关系。方法：先假定出一个核心点，检查结论是否成立，得出的结论无法否定，才能肯定假定的核心点正确。

如果选择“C 拿的校服不是 B 的，也不是 E 的”作为切入点，那么 C 拿的校服，只有可能是 A 或者 D 的。现在先“假定”核心点“C 拿的衣服是 A 的”。

（1）根据“D 拿的校服不是 C 的，也不是 E 的”，那么 D 拿了 B 的衣服。

（2）根据“E 拿的校服不是 A 的，也不是 D 的”，那么 E 拿了 C 的衣服。

（3）根据“A 拿的校服不是 B 的，也不是 D 的”，那么 A 拿了 E 的衣服。

（4）现在剩下的 B 只能拿 D 的衣服。已知“B 拿的校服不是 C 的，也不是 D 的”，假定“C 拿的衣服是 A 的”这个观点不成立。很显然，C 小朋友妈妈把衣服还给了 D 小朋友。

本题领悟重点：“排他”技巧。本题不复杂，重点是希望小朋友强化“排他”能力，丰富解题手段的多样性。

重复提醒：现实生活与解数学题不同，很多时候，掌握的资料和信息不存在数理关系，只存在逻辑关系，这种情况需要通过“排他”手段识别出结果，“排他”手段通常如下：

已知条件互为对等关系，适合用推理流程去“选择”切入点，找出关联性；

已知条件互为纽带关系，适合用观察流程去“分辨”事物，找出关联特征；

已知条件互为制约关系，适合用判断流程通过“假定”核心点，寻找真相。

《钥匙》设计的 50 组题目通过“逻辑思维流程”详细的解题标注，演绎五个思维“步骤”以及对应的思维“指令”，看“步骤”的标注领悟“这个环节该做什么”，看“指令”的标注领悟“这个环节该怎样做”。《钥匙》知道很多题目不容易解，正是因为“不容易”，才有“参照学习”的价值。只要学员敢为人先、努力奋进，必然能够收获精准解题的“思路＋技巧”。

实战题

题 1：用套路解题 ★★

用套路解题的关键：准确理解题意，熟练使用公式。货物对半后，A 组总派送量是 6×A 组人数，B 组总派送量是 5×B 组人数，根据 A 组比 B 组人数少 4 人，得出：6× A 组人数 =5×（A 组人数＋4），算出：A 组人数 =20。原来 20 人每人 12 件，货物总量是 240 件。答案：A。

题 2：用思路解题 ★★★★★

步骤 1，表达指令重点在“理解”。方向：给出的题目。方法：理解题意，识别出解题核心点。研究“求知”，需要找出“A 组或者 B 组的人数”。假定 A 组人数是 A，B 组人数是 B。提示：解《钥匙》的题目，越是感觉有困难，越是需要去“突破”。

步骤 2，推理指令重点在“选择”。方向：聚焦已知。方法：选择出关联性最强的解题切入点。为了找出关联性，识别已知因素，应选“货物全部交 A 组派送，A 组每人送 12 件，如按总人数均分，B 组每人派送 5 件”，这个“现象”关联性较多，是解题的切入点（外因）。

步骤 3，观察指令重点在“分辨”。方向：聚焦切入点。方法：分辨切入点特征，建立解题纽带。观察侧重“分辨”，直观看出全部交 A 组派送的量是 12×A，脑力聚焦切入点向前延伸：究竟两组人数之间有什么关系呢？这样就有机会分辨出平均后的派送总量是 5×A＋5B，得出 12×A=5×A＋5B，A 组 B 组人数比例是 A/B=5/7，这个特征，是解题的纽带。

步骤 4，分析指令重点在“对比”。方向：聚焦纽带。方法：对比、计算或匹配，求出核心点。分析侧重“对比”，因为“新增 144 件货物，平均每人添加 6 件”，根据纽带“A/B=5/7”，得出 A 组新增派送量 144×5/12=60 件，并求出 A 组的人数是 60/6=10 人，这是解题的核心点（内因）。另外，也可以通过总人数 144/6=24，A/B=5/7，求出 A=10 人。

步骤 5，判断指令重点在“认定”。方向：外因和内因。方法：复核思维过程，确认依据准确。A 组 10 人，原货物 10×12=120 件，前后相加，总派送量是 120＋144=264 件。答案：C。

第 24 周

本题领悟重点：步骤 3，观察环节。对于数学、物理、化学等理科的题目，解题过程中，学员必须“沉着 + 延伸”才能找出“解题线索”。比如本题步骤 3，根据切入点要延伸至“究竟两组人数之间有什么关系呢”，这样才能建立解题的纽带 $12 \times A=5 \times A + 5B$。能够独立求出这条纽带，想象力强。

做完题记得对比一下：
题 1 套路与题 2 思路的解题方法有什么不同?

提问：你能发现题 1 与题 2 有什么不同吗?

显象肯定是：题 2 比题 1 难。那么内核是：难在哪里呢?是难在解题思路还是难在思维的延伸技巧呢?训练已经进入第三阶段，通常是难在延伸技巧。

提醒：逻辑思维流程的五个思维环节帮助建立逻辑思路，每个环节详细的解题过程有助于“操练 + 领悟”思维的延伸技巧。

题外话 怎样提升学习竞争力?

思路是取得好成绩的必备工具，学霸是将课堂学到的套路，“集成 + 升华”成为系统性的学习思路，体现出来就是学习能力。学优是懂得如何将套路进行举一反三，灵活运用在学习当中。如果既没有学习思路，也不善于用套路移花接木，学习竞争力肯定不强。

为了避免“套路”难以升华成为思路的风险，《钥匙》通过逻辑思维流程的思维“步骤 + 指令”，端正思维习惯，树立思维逻辑性，直接建立学习思路，直接提升逻辑识别能力。再经过 50 组挑战题、实战题，锤炼思维“延伸 + 技巧”，必然拥有学习竞争力。提醒：逻辑性对内体现在吸收能力上，对外体现在强大的解题能力上。

挑战题 小豆是什么牌 ★★★★

老师在一副扑克牌里面拿出两张牌给小力、小豆各一张，其中小力的牌是“草花 5”，余下的摊开放在桌面上，分别是红桃 A、9、7。黑桃 K、5、8。草花 Q、2、9。方块 J、3、7、6。然后老师对小力说：“识别共性，是一种核心能力，你知道小豆手上的是什么牌吗？”小力他思考了一下说：“我知道。”那么你知道小豆手上的是什么牌吗？

实战题 花的比例 ★★★★★★

1. 小珺有玫瑰、百合共 152 枝，她将 2/3 的玫瑰、2/5 的百合平分给 9 个女生，剩余的平均分给 6 个男生，每人花的数量相同。问：百合有多少枝？

A. 38　　B. 52　　C. 64　　D. 76

2. 小珺有玫瑰、秋菊、百合共 152 枝。其中玫瑰、百合的比例是 1∶3，小珺将花平均分扎好，分别送给 19 个同学，问：小珺的秋菊有多少枝？

A. 38　　B. 52　　C. 64　　D. 76

第 25 周

解题

挑战题

小豆是什么牌 ★★★★

步骤 1，表达指令重点在"理解"。方向：给出的题目。方法：理解题意，识别出解题核心点。预设解题核心点是：找出"牌里面所包含的共性"。提示：解《钥匙》的题，迫使脑力敢于和善于延伸，塑造想象力。

步骤 2，推理指令重点在"选择"。方向：聚焦已知。方法：选择出关联性最强的解题切入点。为了找出关联性，识别已知因素"小力的牌是草花 5"，这是引出关联性的唯一"条件"，是解题的切入点（外因）。

步骤 3，观察指令重点在"分辨"。方向：聚焦切入点。方法：分辨切入点特征，建立解题纽带。观察侧重"分辨"，怎样分辨呢？脑力延伸：没有条件就创造条件。首先把"草花 5"加入"草花 Q、2、9"，就变成"草花 Q、2、5、9"，结合已知的"红桃 A、9、7""方块 J、3、7、6"，脑力聚焦，慢慢分辨出三组牌的共性：数字相加都是"16"。这个特征，是解题的纽带。

步骤 4，分析指令重点在"对比"。方向：聚焦纽带。方法：对比、计算或匹配，求出核心点。分析侧重"对比"，根据现在已知"黑桃 K、5、8"，通过对比，不难得出欠缺的数字是"16－5－8=3"，这是解题核心点（内因）。

步骤 5，判断指令重点在"认定"。方向：外因和内因。方法：复核思维过程，确认依据准确。答案：小豆手上的牌是黑桃 3。

本题领悟重点：步骤 3，观察环节。本题"测试＋提升"小朋友识别事物"蛛丝马迹"的能力。本题把解题"钥匙"隐藏在"数字"，目的是考验小朋友能否找出"共性"。通过看解题要得出这样的领悟：下次遇到困难不要气馁，没有条件就创造条件，建立起"换个角度定能解决"的自信。比如本题，只要敢于"创造条件"，就能通过"数字相加"找出扑克牌的总数字是"16"这个共性特征。

在端正思维习惯的过程中，通过做题熟识了逻辑思维流程的"步骤＋指令"，就应该活学活用，将学到的知识（能力）应用于实践。将思考问题的"思维模块"直接应用在当前的学习和解题的实战之中，这对于尽快、尽早形成学习战斗力（竞争力）十分有帮助。

实战题

题 1：用套路解题 ★★

用套路解题的关键：准确理解题意，熟练使用公式。假设玫瑰数量是 A，百合数量是 B，A + B=152。已知每人花的数量相同，得出(A × 2/3 + B × 2/5)/9=(A × 1/3 + B × 3/5) /6，求出 B=38。答案：A。

题 2：用思路解题 ★★★★

步骤 1，表达指令重点在“理解”。方向：给出的题目。方法：理解题意，识别出解题核心点。斟酌“求知”，发现需要找出“玫瑰或者百合有多少枝”作为解题核心点。

步骤 2，推理指令重点在“选择”。方向：聚焦已知。方法：选择出关联性最强的解题切入点。推理侧重选择，为了产生关联性，把玫瑰、百合的比例是 1∶3、平分送给 19 个同学结合作为解题切入点（外因）。

步骤 3，观察指令重点在“分辨”。方向：聚焦切入点。方法：分辨切入点特征，建立解题纽带。观察侧重“分辨”，怎样分辨呢？先分辨“平均分扎好，分别送给 19 个同学”延伸至：每个同学三种花最少各 1 枝；再分辨“玫瑰、百合的比例是 1/3”延伸至：1∶3 不可能来自 2∶6，否则“8 × 19=152”就没有秋菊了，结合两个延伸结果，自然能够分辨出每人 1 枝玫瑰 3 枝百合，这是解题的纽带。

步骤 4，分析指令重点在“对比”。方向：聚焦纽带。方法：对比、计算或匹配，求出核心点。分析侧重“对比”，“玫瑰 + 百合”的数量是 4 × 19=76 枝，秋菊是 152 – 76=76 枝。这是解题核心点（内因）。

步骤 5，判断指令重点在“认定”。方向：外因和内因。方法：复核思维过程，确认依据准确。认定答案，小珺的秋菊数量为 76 枝。答案：D。

本题领悟重点：步骤 3，观察环节。本题不复杂，创作团队设计本题的目的，是“考验 + 训练”怎样在已知内容里面分辨出隐藏的细节。比如，本题的解题“钥匙”隐藏在“比例是 1∶3”里，观察环节要延伸出“玫瑰 + 百合”的总数，要受到“不能超越 + 不能少于”152 枝总量的限制，这种“从限制中分辨出结果”的技巧是物理、化学科目的必备能力。

第 25 周

让思维能力发挥出最大功效。逻辑思路是脑力运动的标准思维路径，虽然不直观，却客观存在。任何人都有自己的思路，如果希望脑力的思维运动能够发挥出最大功效，思路就要吻合逻辑思路，只有这样，脑力运动才有正确的思维“步骤＋方向＋方法”，才能无往而不利。

题外话 考官是怎样出题的?

小升初、中考、高考，考官出题都是有规则的，如果考生的解题思路与这个规则无法对接，解题过程肯定会遇到曲折。那么，这个规则是什么呢？那就是，考官出题必须恪守逻辑规则。

考官是怎样出题的呢？首先，出题思路要遵循逻辑规则，如果缺乏逻辑性，这是考官出题的重大失误。其次，考官出题无非是把解题的“钥匙”隐藏在思路流程的某个环节里。

考官出题质量的高与低考验考官如何遵循逻辑规则，把解题的“钥匙”巧妙化装或者变形，藏匿在某个思维环节里，这种隐藏能力和技巧的强与弱决定了出题质量的高与低。

考生的解题思路必须具有逻辑性，这样才能对接考官出题的逻辑规则，才能捕获到考官埋下的线索（切入点），建立解题纽带，找出隐藏的“钥匙”（核心点），最后才能成功解题。

《钥匙》的“难”题训练“以逻辑规则的不变，应对问题的万变”的能力，每一题都引导小朋友怎样发掘“钥匙”，领悟透彻必然充满自信，因为掌握了解题的“万能钥匙”。

挑战题 过生日的人数 ★★★★★

1. 805 班有 32 人，把“最多有多少名同学的生日与其他同学不同月份”与“最多有多少名同学的生日与其他同学月份相同”两者相加，得出的总数是多少人？

2. 805 班有 32 人，把“一年里某个月过生日的最少人数”“某个月同月过生日的最少人数”与“一年里有同学同月过生日的最少人数”三者相加，得出的总数是多少人？

实战题 小刘不小心 ★★★★★

第26周

1. 小刘买水果和饮料，他用手机加出总额付款。付款后，店家说：“不是 108 元，光是水果已经 91 元了。”小刘：“哦，饮料金额中间漏了一个‘0’。”问：饮料金额是多少元？

A. 97　　B. 98　　C. 107　　D. 108

2. 小刘买水果和饮料，他用手机加出总额付款。付款后店家说：“不是 108 元，是 207 元。”小刘：“哦，刚才饮料金额后面漏了一个‘0’。”问：水果金额是多少元？

A. 97　　B. 98　　C. 107　　D. 108

创作团队善意提醒：

现在疏于补脑，将来忙于补习。

如果遇到“难题”，要先审核思考问题的步骤，再针对“指令”引导的“方向”，审核思维延伸的“方法”，只要“不懈 + 信心”，就有机会成功。

解题

挑战题

题 1 ★★

步骤 1，表达指令：重点在“理解”。方向：给出的题目。方法：缜密慎思，准确理解题意及要求，直接明确出解题需要寻找的核心点。

本题纯粹是“理解题”：“最多有多少名同学的生日与其他同学不同月份”，仅一人过生日最多是 11 个月；“最多有多少名同学的生日与其他同学月份相同”，最多的人数是全部 32 个同学都在同一个月过生日。结果：11 + 32=43 人。

题 2 ★★★

步骤 1，表达指令：重点在“理解”。方向：给出的题目。方法：缜密慎思，准确理解题意及要求，直接明确出解题需要寻找的核心点。

“一年里某个月过生日的最少人数”是 0 人；“某个月同月过生日的最少人数”是 2 人；“一年里有同学同月过生日的最少人数”，由于 11 个月有可能只有 1 个人过生日，由此有同学同月过生日的最少人数是 32 – 11=21。三者相加是：0 + 2 + 21=23 人。

本组题领悟重点：题 2。本题看起来简单，或许看起来有点绕，不过，本组题的设计意图着重于“考验 + 训练”精准理解能力。

无论是题 1 还是题 2，《钥匙》团队把解题的“钥匙”隐藏在“你是否具备缜密、细心、自信的思维习惯”里。题目不难，牢记：解题需要的能力就是《钥匙》正在锤炼的能力。

生活里或者谈话里，这些都是常见的、需要识别的问题，学校、公司乃至市场，经常出现这种需要用各种识别手段去“识别出结果”的事情。

再来看下面这道题。A、B、C 在聊天，A 说：“每次面粉涨价，食糖价格就上涨。”B 说：“遇到牛奶涨价，鸡蛋一定会涨价。”C 说：“是的，食糖涨价，牛奶也会涨价。”A、B、C 说的都正确，确实有两样商品涨价了，那么你能够识别出究竟是哪两样商品吗？

实战题

题 1：用套路解题 ★

用套路解题的关键：准确理解题意，熟练使用公式。根据小刘所说的“饮料中间漏了一个‘0’”，结合店家说的“不是 108 元，光是水果已经 91 元了”，这说明饮料尾数是 8 − 1=7，91 + A + 7=108，A=10，小刘错付的是 17 元，中间加个“0”，饮料金额是 107 元。答案：C。

题 2：用思路解题 ★★★★

步骤 1，表达指令重点在“理解”。方向：给出的题目。方法：理解题意，识别出解题核心点。研究“求知”，识别出需要找出的核心点是“水果、饮料应付的金额是多少”，先假定水果金额是 A，饮料金额是 B。提示：理解题意正确，目标准确，是解题的第一步。

步骤 2，推理指令重点在“选择”。方向：聚焦已知。方法：选择出关联性最强的解题切入点。为了找出关联性，识别出“饮料金额后面漏了一个‘0’”这是解题切入点（外因）。

步骤 3，观察指令重点在“分辨”。方向：聚焦切入点。方法：分辨切入点特征，建立解题纽带。观察侧重“分辨”，脑力顺着饮料金额后面漏了一个“0”向前延伸：后面漏了一个“0”代表什么呢？代表只付了“1/10”，也就是饮料只付了“B/10”。现在根据“不是 108 元”，得出 A + B/10=108，根据“是 207 元”，得出 A + B=207，这个特征是解题的纽带。

步骤 4，分析指令重点在“对比”。方向：聚焦纽带。方法：对比、计算或匹配，求出核心点。分析侧重“对比”，根据纽带计算出 A=97、B=110，这是解题核心点（内因）。

步骤 5，判断指令重点在“认定”。方向：外因和内因。方法：复核思维过程，确认依据准确。小刘应付的总金额是 207 元，其中水果金额是 97 元。答案：A。

本题领悟重点：步骤 3，观察环节。题 2 看起来简单，做起来十分考验小朋友对已知条件的数理认知。在观察环节，脑力要善于延伸，要分辨出后面少了一个“0”代表只付了“1/10”，这样才有机会建立出“A + B/10=108”和“A + B=207”这两条纽带。

本组题目是“考验 + 提醒”小朋友思考问题时，要有耐性和细心，两组题既不存在计算的难度，也不存在思维的复杂延伸性，但都要求具有“慎思 + 缜密”

的思维模式，也操练和培养这种思维模式。

再尝试思考一下：小刘买水果和饮料，他用手机加出总额付款，店家收款后，发现少收了小刘 873 元，小刘说，刚才后面漏了一个“0”那么，小刘刚才付的金额是多少呢？

题外话 经常听家长讲“要有自信，要有毅力”

经常听家长讲：“小朋友读书要有自信，要有毅力。”其实自信和毅力，都是“要”不来的，自信和毅力也不是天生的，培养小朋友的自信和毅力，都需要有“方向 + 方法”。

自信的行为特征是“我努力，我就可以”，毅力的行为特征是“我坚持，我就可以”。培养任何一种“力”都必须清晰这种“力”的特征，有的放矢，才能取得对应的效果。

培养“自信”和“毅力”，肯定离不开“以观念带动行为，以行为养成习惯”，观念来自对标的物比如自信、毅力“特征”的认知，习惯来自日积月累的行为“历练、操练”。

《钥匙》的题目“有难度”，可以培养解决复杂问题的自信；解题“不容易”，可以培养解决复杂问题的毅力。代价是什么呢？需要坚持半年一年，才能行为养成习惯。

挑战题 计时器解码 ★★★★★★

在一次反恐行动中，警察攻入大楼，发现一包危险品，上面的触发计时器只剩 15 分钟，计时器有一组英文字母编码 AFDBHXYKEGTCH，队长很快算出计时器的解码是 6D72K3T6，随后关停计时器解除危险。

在继续进攻的时候，队长中弹昏迷了，随后警察们发现另一个更大的危险装置，计时器只剩 6 分钟，上面有编码 GKSZMBHNGLWEF。现在情况十分紧急，你能帮助警察识别出计时器的解码吗？

实战题 自行车密码 ★★★★

1. 小力有一把由 2—9 四个不同数字组成的自行车密码锁，密码的数字组合由小到大按 A、B、C、D 有序排列，已知 A、C 相乘尾数是 1，A、B、C、D 相乘尾数是 5。问：运用你的数学能力，能解出密码吗？

2. 小力有一把由 2—9 四个不同数字组成的自行车密码锁，密码含两个单数和两个双数，从小到大排列。其中，两个数字相加等于另两个数字相乘，两个数字相减等于另两个数字相除。问：你能够解出密码吗？

逻辑让你变得更有“智慧”。

你有指令引导思维“方向 + 方法”，思考问题就如同有“指路明灯”。

眼前的学习成绩是“眼前”的，长远的思维能力才是“永恒”的，所谓学习潜力，“潜”在不可见的逻辑思维能力中。学习成绩“弱”用何物“补”？如果希望一劳永逸，肯定是补思路。

解题

挑战题

计时器解码 ★★★★★★

步骤 1，表达指令重点在“理解”。方向：给出的题目。方法：理解题意，识别出解题核心点。预设解题核心点是：找出“数字与字母的对应关系”。提示：《钥匙》的难题不是难在“有没有能力”，而是难在“有没有思路”。

步骤 2，推理指令重点在“选择”。方向：聚焦已知。方法：选择出关联性最强的解题切入点。为了找出关联性，发现“第一组计时器的编码是 AFDBHXYKEGTCH，解码是 6D72K3T6”，两者结合起来带有关联性，这两个已知条件是应选的解题切入点（外因）。

步骤 3，观察指令重点在“分辨”。方向：聚焦切入点。方法：分辨切入点特征，建立解题纽带。观察侧重“分辨”，怎样分辨？脑力顺着“AFDBHXYKEGTCH，6D72K3T6”向前延伸：为什么编码是 13 个字母，解码是 3 个字母 + 5 个数字呢？这样就有机会分辨出：解码保留了 3 个字母，而 5 个数字，应该是来自 10 个字母的演变。这个特征，显然是解题的纽带。

步骤 4，分析指令重点在“对比”。方向：聚焦在纽带。方法：对比、计算或者匹配，求出内因。分析侧重“对比”，注意力集中就能对比出：第一个数字“6”来自“AF”，从 A 到 F 共有 6 个字母：A、B、C、D、E、F。第二个数字“7”，由于“DB”是逆向，“D”被保留，“7”来自顺向的 BH，从 B 到 H 共有 7 个字母：B、C、D、E、F、G、H。同理分辨出：“2”来自“XY”，“KE”是逆向“K”保留，“3”来自“EG”，“TC”是逆向“T”保留，“6”来自“CH”。这个“数字与字母的对应关系”是解题核心点（内因）。

步骤 5，判断指令重点在“认定”。方向：外因和内因。方法：复核思维过程，确认依据准确。通过核心点（内因），识别出第二组计时器编码是 GKSZMBHNGLWEF，其中“GK”代表 5，“SZ”代表 8，由于“MB”字母顺序是逆向，保留“M”，其中“BH”代表 7，由于“NG”字母顺序是逆向，保留“N”，其中“GL”代表 6，由于“WE”字母顺序是逆向，保留“W”，“EF”代表 2。最后得出解码是 58M7N6W2。

本题领悟重点：步骤3，观察环节。本题“考验＋训练”学员的想象力。想象力、抽象力都是以某些已知因素作为依据，再通过脑力深度的延伸，构思出与这些依据能够对接的观点。

本题的解题“钥匙”隐藏在“变量”里，考验学员“分辨变量”的能力。比如，分辨切入点要发现：第一组字符失去的10个字母，在第二组被5个数字取代。发现了这个“变量”，就会有自信，当脑力开始从“变量”延伸时，就不难分辨出数字与两个字母的间隔关系。

实战题

题1：用套路解题 ★

用套路解题的关键：准确理解题意，熟练使用公式。根据“A、C相乘尾数是1”，有三种可能：1×1=1，3×7=21，9×9=81。根据“不同数字”和“数字组合由小到大”，得出：A=3，C=7。再根据“A、B、C、D相乘尾数是5”，代表“B、D”肯定是单数，并且有一个数字是“5”，因为A的位置已经是“3”，对比出符合条件的单数只有5和9，得出密码：ABCD=3579。

题2：用思路解题 ★★★

步骤1，表达指令重点在“理解”。方向：给出的题目。方法：理解题意，识别出解题核心点。预设解题核心点是：找出“数字构成的关系”。《钥匙》的题，能够帮助建立逻辑思维，发挥创造力。

步骤2，推理指令重点在“选择”。方向：聚焦已知。方法：选择出关联性最强的解题切入点。为了找出关联性，因为“相除”容易产生关联性，应选“有两个数字相减，等于另两个数字相除”这个组合作为解题的切入点（外因）。

步骤3，观察指令重点在“分辨”。方向：聚焦切入点。方法：分辨切入点特征，建立解题纽带。观察侧重“分辨”，根据“两个数字相除”，不难分辨出：在数字2—9当中，只有“4、6、8、9”可以分别被“2、3、4”相除。这个特征是解题的纽带。

步骤4，分析指令重点在“对比”。方向：聚焦纽带。方法：对比、计算或匹配，求出核心点。分析侧重“对比”，由“9”开始：

（1）9/3=3，3是单数，没有两个双数相减能够产生单数。

（2）8/2=4，相减产生“4”的单数有两组：“7与3”“9与5”，但2乘以其他三个数无法等于剩余两个数相加。8/4=2，相减产生“2”的单数有三组：“5与3”“7与5”“9与7”，但4乘以其他三个数无法等于剩余两个数相加。

（3）6/2=3，没有两个单数相减能够产生单数。6/3=2，没有单双数相减能够产生双数。

（4）4/2=2，相减产生“2”的单数有三组：“5 与 3”“7 与 5”“9 与 7”。只有第一组“4/2，5 与 3”能够相除相减相同：4/2=2，5－3=2；相乘相加相同：2×4=8，3＋5=8。这是解题核心点（内因）。

步骤 5，判断指令重点在“认定”。方向：外因和内因。方法：复核思维过程，确认依据准确。认定“4/2=2，5－3=2；2×4=8，3＋5=8”正确。得出密码：2345。

本题领悟重点：步骤 2，推理环节。为什么选择“相减、相除”这个组合作为切入点呢？这是因为在加减乘除里面，能满足“除”的条件最窄，比较容易筛选针对性的“分母”。有兴趣尝试通过“凑数”求出答案吗？

本题可以尝试“凑数”求答案，“凑数”的过程，也能熟识数字之间的关联性。不要看 1—9 这几个数字简单，通过《钥匙》的磨砺，应该知道内里大有玄机。比如，在做每个阶段的“9”号题时，如果感觉有难度，就是因为对数字之间的关联性认知不够透彻。

题外话 怎样培养主动性?

主动性是行为品质，体现为不依赖外力推动，按照自己设置的目标进行。简单来说：主动 = 自觉的行动，主动性 = 具有“自觉行动”的观念。缺乏主动性肯定没有领导力。

培养主动性比较有效的方式是多参加团队活动，并且在团队活动中要有“不怕吃亏，敢于担当”的勇气和行为，有主动性的人才容易产生责任感和向心力。

参加团队活动时注重培养三个方面的特质：第一，爱护和支持团队；第二，团结团队成员；第三，维护团队荣誉。慢慢由外至内，主动性的观念就会体现在自身的各种行为上。

挑战题 推理和判断 ★★★★

1. 小豆买鞋子喜欢运动型和颜色时髦的。现有 A、B、C、D 四款鞋子都至少符合一个条件，里面有三款是运动型，有两款颜色时髦，其中，B 和 C 都是运动型，A 和 B 颜色相同，C 和 D 并非都是运动型。你认为小豆会选哪一款?

2. 甲组只说假话，乙组只说真话，小力和小豆都在这两个组里面。小力说：“我和小豆至少有一个来自甲组。”那么，下面哪个答案正确?

A. 小力、小豆都在甲组　　B. 小力、小豆都在乙组

C. 小力在甲组，小豆在乙组　　D. 小力在乙组，小豆在甲组

实战题 射箭比赛 ★★★★★★

1. 小刘、小关、小胡、小邓四人射箭比赛，各射三次，每次得分都在 0—10 之间，结果是小刘比小邓高 4 环，小邓低小胡 2 环，小关与小刘的差距等于小关与小胡的差距。小关私下告诉我他是 18 环。你能算出小邓的总环数是多少吗?

A. 14　　B. 15　　C. 16　　D. 17

2. 小刘、小关、小胡、小邓四人射箭比赛，各射三次，每次得分都在 0—10 之间，结果是小刘比小关高 4 环获第一，小关、小胡都比小邓高 2 环并列第二。不过很奇怪，四人各自将三次的环数相乘，结果都是 90。小邓的总环数是多少呢?

A. 14　　B. 15　　C. 16　　D. 17

逻辑让你思考问题有“节奏”。

《钥匙》帮你建立起逻辑思维步骤，这是思维竞争力的“基本功”。

解题

挑战题

题 1 ★★

步骤 1，表达指令重点在“理解”。方向：题目。方法：通过理解题意，已知条件是互为对等关系，最适合用推理指令识别“对等关系”的关联性选择出解题“切入点”。

步骤 2，推理指令重点在“选择”。方向：对等关系。方法：针对已知对等的“条件、现象或行为”，选择出与解题关联性最强的显性或隐性要素，作为解题的“切入点”。

“B 和 C 都是运动型”“C 和 D 并非都是运动型”，那么“并非运动型”的是 D，得出 D 颜色时髦。“A 和 B 颜色相同”，由于 D 颜色时髦，已知只有两款颜色时髦，那么 A 和 B 都不可能颜色时髦，剩余颜色时髦的只有 C。C 款符合小豆的心意。

题 2 ★★

步骤 1，表达指令重点在“理解”。方向：题目。方法：通过理解题意，已知条件是互为制约关系，最适合用判断指令，通过假定核心点（内因）去解决问题最有效。

步骤 2，判断指令重点在“认定”。方向：已知的制约关系。方法：先假定出一个核心点，检查结论是否成立，得出的结论无法否定，才能肯定假定的核心点正确。

先假定一个“核心点”，小力说的是假话。小力说“我和小豆至少有一个来自甲组”，由于“甲组”只说假话，那么小力说话的内容里“至少有一个来自甲组”就是真话，这样与假定的“核心点”出现矛盾。所以，小力说的是真话，应选 D：小力在乙组，小豆在甲组。

本题领悟重点：让学员多点认知推理与判断“排他”的不同侧重点。

（1）推理适合针对互为对等的关系，使用“推理指令”思考问题时，侧重针对事物的外因（external cause）——条件、行为或现象。也就是说，知道“外因”，采用“推理”进行排他。

（2）判断适合针对互为制约的关系，使用“判断指令”思考问题时，侧重针对事物的内因（internal cause）——意图、本质或根源。也就是说，知道“内因”采用“判断”进行排他。

实战题

题 1：用套路解题 ★

用套路解题的关键：准确理解题意，发现这是推理题：小刘－小邓=4，小胡－小邓=2，得出小刘－小胡=2，因为“小关与小刘的差距，等于小关与小胡的差距”，小关必然在小刘和小胡之间，就得出：小刘－小关=小关－小胡=1。已知小关=18环，所以小刘19环，小胡=17环，那么小邓=15环。答案：B。

题 2：用思路解题 ★★★★★

步骤 1，表达指令重点在“理解”。方向：给出的题目。方法：理解题意，识别出解题核心点。预设解题核心点是：找出“90”与“各射三次”的关系。理解题意正确，目标准确，是成功解题的第一步。

步骤 2，推理指令重点在“选择”。方向：聚焦已知。方法：选择出关联性最强的解题切入点。为了找出关联性，“将三次的环数相乘，4个结果都是90”作为解题切入点（外因）。

步骤 3，观察指令重点在“分辨”。方向：聚焦切入点。方法：分辨切入点特征，建立解题纽带。观察侧重“分辨”，直观无法突破，脑力顺着“三次环数相乘结果都是90”向前延伸：怎样才能产生出90呢？这样就分辨出“隐性特征”：数字必然包含10或者5。这是解题的纽带。

步骤 4，分析指令重点在“对比”。方向：聚焦在纽带。方法：对比、计算或者匹配，求出内因。分析侧重“对比”，通过纽带不难对比出有四种可能性：（1）90=1×9×10，三箭得1+9+10=20环；（2）90=3×3×10，三箭得3+3+10=16环；（3）90=2×9×5，三箭得2+9+5=16环；（4）90=3×6×5，三箭得3+6+5=14环。这四组关系是解题的核心点。

步骤 5，判断指令重点在“认定”。方向：外因和内因。方法：复核思维过程，确认依据准确。根据已知“小刘比小关高出4环获第一，小关、小胡比小邓高出2环并列第二”，得出结果：小刘20环，小关、小胡并列16环，小邓14环。答案：A。

本题领悟重点：步骤 3，观察环节。本题的解题“钥匙”隐藏在数字“90”里，目的是考验和训练学员的想象力，同步强化学员对“数字之间关系”的敏感度。想象力是“创新能力”的基础，学员必须拥有这种能力。

想象力来自对事物、问题的“切入点”进行思维延伸的能力，思维延伸的要求是从切入点向前延伸出“同质的、对标的”要素，这些要素必须能够对切入点进行“细化或者补充”。

比如本题，切入点是“四个人各自将三次的环数相乘，结果都是 90”，怎样延伸呢？将“90”向前“细化”，思考三个数字怎样才能构成“90”，这样题可解。如果学员能够独立产生这个想法，解题思路非常正确，说明这个学员已经具有较强的逻辑思维能力和想象力。

题外话 人生四部曲：受人喜欢，受人尊重，受人信任，受人追随

受人喜欢：有礼貌，有礼节，工作学习认真，能敬业守法规，通常容易达到。

受人尊重：具备值得别人尊重的能力，对于学生是学习能力和成绩。

受人信任：具备别人认同的成功处理复杂问题的经验，不然别人凭什么信任你。

受人追随：具有较强的创新能力，让别人发现你蕴藏的价值，有追随的价值。

这是社会认同一个人的四个层面，思考一下：我的目标是走到哪一个层面呢？

挑战题 开了多少千米？ ★★★★★★

小力说：“学好数学必须要熟识数字之间的属性，培养出与数字的亲和力。”并举了一个例子：他的新车开了 PMHB 千米，小豆借去开，还车时路程表显示 BHNP 千米，小豆开了 7BMH 千米。不同的字母代表 1—9（7 除外）不同的数字，且不重复。问：如果用数字表示，小豆开了多少千米？

实战题 运动及格人数 ★★★★

1. 跳绳和跑步是体能混合项目，五班的 50 个同学有 30 人跳绳及格，有 26 人跑步及格，50 个同学里面有 12 人两样都及格。问：有多少人两样都不及格？

A. 4　　B. 5　　C. 6　　D. 8

2. 跳绳和跑步是体能混合项目，五班的 50 个同学有 32 人跳绳及格，15 人两样及格，单一跑步和跳绳不及格的人数之和是 39。问：有多少人两样都不及格？

A. 4　　B. 5　　C. 6　　D. 8

第 29 周

逻辑提升你的思维能力。

每组“难”题都让你熟识一组解决复杂问题的思维模型。

《钥匙》的题目是按锻造顶级思维竞争力的目标进行设计的。经历 50 组复杂问题的锤炼，拥有解决复杂问题的硬实力，直接效果是建立解决复杂问题的自信。

解题

挑战题

开了多少千米？★★★★★★

步骤 1，表达指令重点在“理解”。方向：给出的题目。方法：理解题意，识别出解题核心点。预设解题核心点是：找出“字母与数字的对应关系”。提示：每一题不仅有线索可寻，而且塑造一组思路。

步骤 2，推理指令重点在“选择”。方向：聚焦已知。方法：选择出关联性最强的解题切入点。为了找出关联性，把数字组合成“BHNP=PMHB + 7BMH”，其中千位数的 B 来自“P + 7”，与数字“7”形成关联性，是应选的解题切入点（外因）。

步骤 3，观察指令重点在“分辨”。方向：聚焦切入点。方法：分辨切入点特征，建立解题纽带。观察侧重“分辨”，顺着切入点 B 来自“P + 7”，脑力向前延伸：由于是千位数，肯定是 $7 < B \leqslant 9$。分辨出只有两种可能：“B=8”，或者“B=9”。这个特征是解题的纽带。

步骤 4，分析指令重点在“对比”。方向：聚焦在纽带。方法：对比、计算或者匹配，求出内因。分析侧重“对比”，有点耐心，看看怎样“对比”，提升自己对“数理关系”的分析能力：

（1）如果“B=8，P=1”，因为“P”来自个位数的“B + H”，“P=1”说明“B + H”的尾数是“1”，得出“H=3”。由于百位数的 H 来自“M + B”，现在“H ＜ B”，必然就有“M + B ＞ 10”，“逢 10 进 1”后，千位数“B=（1 + 7）+ 1=9 ≠ 8”，所以“B=8”不合理，合理的可能是“B=9”。

（2）当“B=9”，百位数“M + B ＞ 10”，千位数“B=9=P + 7 + 1”，得出“P=1”。因为“P=1”，个位数必然是“B + H=11”，得出“H=2”。因为 H ＜ B，百位数一定是“M + B=12”，得出“M=3”。十位数“N=（H + M）+ 1，N=6”。这是解题的核心点（内因）。

步骤 5，判断指令重点在“认定”。方向：外因和内因。方法：复核思维过程，确认依据准确。根据“内核”解出：B=9，P=1，H=2，M=3，N=6。小豆开了 7BMH=7932 千米。

本题领悟重点：步骤 3，观察环节。本题不要求小朋友“做出来”，但要求小朋友“看明白”。本题“考验 + 训练”学员对“数字关联性”的识别能力。比如在推理环节，必须选择最有关联性的组合“B=P + 7”作为切入点，这样在分析环节就很容易得出“7 < B ≤ 9”这个关联特征。本题的解题逻辑很有意义，要求完全领悟解题的识别手段。

实战题

题 1：用套路解题 ★

用套路解题的关键：准确理解题意，熟练使用公式。因为单项及格的同学里面，包含了 12 名两样都及格的同学，要排除掉，所以，单一跳绳及格的人数是 30 – 12=18 人，单一跑步及格的人数是 26 – 12=14 人，两样都不及格的人数是 50 – 12 – 18 – 14=6 人。答案：C。

题 2：用思路解题 ★★★

步骤 1，表达指令重点在“理解”。方向：给出的题目。方法：理解题意，识别出解题核心点。研究“求知”，识别出需要寻找的解题核心点是“各单一项目的及格人数”。

步骤 2，推理指令重点在“选择”。方向：聚焦已知。方法：选择出关联性最强的解题切入点。为了找出关联性，识别出“50 个同学有 15 人跳绳、跑步都及格，有 32 人跳绳及格”，这两个“条件”结合起来能够形成关联性，作为应选的解题切入点（外因）。

步骤 3，观察指令重点在“分辨”。方向：聚焦切入点。方法：分辨切入点特征，建立解题纽带。观察侧重“分辨”，不难分辨出，“单一跳绳及格的人数”=32 – 15=17 人，“跳绳不及格的人数”是 50 – 32=18 人。这两个特征是解题的纽带。

步骤 4，分析指令重点在“对比”。方向：聚焦纽带。方法：对比、计算或匹配，求出核心点。分析侧重对比，根据纽带，结合“单一跑步和跳绳不及格的人数是 39 人”，计算出“跑步不及格的人数”=39 – 18=21 人，那么“跑步及格的人数”=50 – 21=29 人，从而得出“单一跑步及格的人数”=29 – 15=14 人，这是解题的核心点。

步骤 5，判断指令重点在“认定”。方向：外因和内因。方法：复核思维过程，确认依据准确。得出：两样都不及格的人数 =50 –“跳绳跑步都及格的人数”–“单一跳绳及格的人数”–“单一跑步及格的人数”=50 – 15 – 17 – 14=4 人。答案：A。

本题领悟重点：步骤 1、步骤 4。解本题关键是思路要清晰，在表达环节要确定以“各单一项目及格人数”为解题的核心点，在分析环节识别“单一跑步及格的人数”时，要“耐性 + 细心”。对比题 1 与题 2 的解题特点，这对提高解题能力具有启发意义。

很多时候，面对问题难以入手，那是因为思路的“通道”与解题的“渠道”衔接不上。“工多”才能“艺熟”，思维通道一经打通，思考问题的指令一经形成，就拥有思维的硬实力。牢记：性格会叛逆，能力不会叛逆，思维的硬实力一朝形成，便终身受益。

题外话 个性会叛逆，能力不会叛逆

孩子在叛逆期出现成绩波动很正常，不过面对成绩波动，不少家长的认知是通过“补习 + 刷题”追赶成绩，怕孩子输在起跑线上。小初阶段的起跑线在哪里呢？叛逆期是智力开发的关键窗口期，把时间和精力放在补脑“建立学习思路”上比放在补习“储备解题套路”上更为明智。

既然“建立学习思路”是起跑线，那么形成思路流程的五大逻辑就是起跑线对应的“起跑点”。要知道，人的个性会叛逆，人的能力不会叛逆。孩子拥有能力才具备随时“弯道超车”的机会，如果选错起跑点，进入初高中阶段，那就只能依赖“勤能补拙 + 笨鸟先飞”。希望孩子成为强者中的勇者，必须让孩子掌握正确的思维流程和思维习惯，拥有强大的延伸能力和想象能力。

挑战题 买卖数字默契 ★★★★★

小刘、小关合伙做生意，为了保密，小刘卖出一批皮衣和一批皮鞋，发出的信息是“38 + 26 ➡ 43”，意思是皮衣卖了 31 箱，皮鞋卖了 19 箱，合计“31 + 19=50”箱。

现在小关卖出一批牛仔裤和牛仔裙，发出的信息是“28 + 25 ➡ 35”。你能够解密小关总共卖出多少箱牛仔裤和牛仔裙吗？

A. 41　　B. 42　　C. 43　　D. 44

实战题 湖边骑自行车 ★★★★★

1. 三人从同一地点同步骑车绕湖一圈，小胡、小刘由东向西，小关由西向东，小胡骑赛车时速 29 千米，小刘骑越野车，时速 15 千米，小胡完成绕湖一圈时，小关与小刘刚好相遇。问：小关的时速是多少千米？

A. 14　　B. 15　　C. 16　　D. 18

2. 绕湖绿道限速 12 千米 / 小时，三人从同一地点同步骑车出发，速度都取整数，小胡、小刘由东向西，小关由西向东，小关 1 小时后遇到小胡，15 分钟后遇到小刘。小关的速度快小刘一倍。问：绿道一圈有多少千米？

A. 14　　B. 15　　C. 16　　D. 18

逻辑让你变得更加聪明。

《钥匙》让你拥有精准思考问题、解决问题的思维“步骤 + 方向 + 方法”。

考官出题是有规则的，如果解题思路与出题规则无法对接，那么解题过程肯定出现曲折。那么这个规则是什么呢？是“逻辑规则”。《钥匙》每组题都帮助建立逻辑思维规则。

解题

挑战题

买卖数字默契 ★★★★★

步骤 1，表达指令重点在“理解”。方向：给出的题目。方法：理解题意，识别出解题核心点。预设解题核心点是：找出“数字与销售量的关系”。每一题不仅启发一种思维方法，而且锤炼一次想象力。

步骤 2，推理指令重点在“选择”。方向：聚焦已知。方法：选择出关联性最强的解题切入点。为了找出关联性，该选“38 + 26 ➡ 43”以及“皮衣卖了 31 箱，皮鞋 19 箱，合计 50 箱”两个结合起来，作为解题切入点（外因）。

步骤 3，观察指令重点在“分辨”。方向：聚焦切入点。方法：分辨切入点特征，建立解题纽带。观察侧重“分辨”，针对切入点的两个已知条件，注意力集中也很难分辨出关联特征，怎么办？脑力顺着数字“38 + 26 ➡ 43”结合“31 箱、19 箱、50 箱”向前延伸出“31=38 – 7，19=26 – 7，50=43 + 7”，分辨出三个结果都与“7”的加加减减有关。这个特征，明显是解题的纽带。

步骤 4，分析指令重点在“对比”。方向：聚焦纽带。方法：对比、计算或匹配，求出核心点。分析侧重“对比”，根据纽带“38 – A + 26 – A=43 + A，A=21/3=7”同理进行匹配，得出“28 – B + 25 – B=35 + B，B=18/3=6”，这是解题的核心点（内因）。

步骤 5，判断指令重点在“认定”。方向：外因和内因。方法：复核思维过程，确认依据准确。根据（内因）得出“28 – 6=22，25 – 6=19，22 + 19=35 + 6=41”，小关总共卖出 41 箱牛仔裤和牛仔裙。答案：A。

本题领悟重点：步骤 3，观察环节。本题的解题“钥匙”隐藏在“是否有能力把已知条件关联起来联合思考”。如果解题过程无从下手，通常困扰在如何分辨“38 + 26 ➡ 43”的关系上，解题时，需要将“38 + 26 ➡ 43”与“31 箱、19 箱，合计 50 箱”关联起来，没有关联就无法观察，有了关联就有机会分辨出：两组对应的数字都与“7”的有关，寻找到逻辑关系，题目可解。

要弥补这些分辨能力上的差异，靠“刷题”是刷不出来的，只能靠启蒙。如果坚持依照《钥匙》的要求“每周一组题，回顾三次”，其分辨能力在同龄人中应该属于较强的。

实战题

题 1：用套路解题 ★

用套路解题的关键：准确理解题意，熟练使用公式。“小胡完成绕湖一圈时，小关与小刘刚好相遇”，说明两人走的距离合起来也刚好一圈，就有小胡速度 = 小关速度 + 小刘速度，小关的时速是 29 – 15=14 千米。答案：A。

题 2：用思路解题 ★★★★

步骤 1，表达指令重点在“理解”。方向：给出的题目。方法：理解题意，识别出解题核心点。预设解题核心点是：需要找出“他们之间的时速关系”。假如小刘的时速是 A，小胡时速是 B，根据已知，小关时速就是 2×A，提示：领悟下面的思维模式，能够让思路清晰。

步骤 2，推理指令重点在“选择”。方向：聚焦已知。方法：选择出关联性最强的解题切入点。推理侧重“选择”，为了找出关联性，识别出“时间”带有关联性，解题“钥匙”肯定藏在“1 小时、15 分钟”里，这是重点需要思考的解题切入点。牢记：识别切入点正确，观察问题才准确。

步骤 3，观察指令重点在“分辨”。方向：聚焦切入点。方法：分辨切入点特征，建立解题纽带。观察侧重“分辨”，注意力集中在切入点上，明显看出小胡的车速比小刘快，现在怎么办呢？不急，一步步来，首先针对“1 小时后小关遇到了小胡”，分辨出这时候小胡和小刘相隔距离是 1×（B – A），再针对“15 分钟（1/4 小时）后又遇到小刘”，分辨出小关和小刘在 1/4 小时里走的路程是（2×A + A）×1/4。结合起来有 1×（B – A）=（2×A + A）×1/4，简化出 4×B=7×A，这是解题的纽带。

步骤 4，分析指令重点在“对比”。方向：聚焦纽带。方法：对比、计算或匹配，求出核心点。分析侧重“对比”，根据纽带“4×B=7×A”，结合“限速 12 千米 + 都是整数”，不难对比出唯一匹配的是 A=4，B=7，小关的时速就是：2×A =8 千米，这是解题的核心点（内因）。

步骤 5，判断指令重点在“认定”。方向：外因和内因。方法：复核思维过程，确认依据准确。湖边绿道一圈长度就是：1 小时（小关时速 + 小胡时速）=1×（8 + 7）=15 千米。答案：B。

本题领悟重点：步骤 3，观察环节。本题的解题“钥匙”隐藏在 1 小时与 1/4 小时产生的对应关系里，解题过程“难”与“不难”，在于解题延伸能力的发挥。

《钥匙》侧重操练思维的延伸技巧，这个过程能够“发现 + 消除”思维短板，消除一个短板，思维竞争力就强大一分。

思考问题时脑力的延伸通常都有对应的“延伸方向”。比如本题，从“时间”向前延伸通常不是“量”（数量、距离）就是“率”（效率、速度）。

不要嫌《钥匙》的题“很烦”，良药苦口，《钥匙》促使你不断发掘解题“钥匙”，目的是操练精准运用逻辑思维流程及运用“指令”的技巧。《钥匙》鼓励边学边用，活学活用，将所学及时应用在当前的读书学习之中，越早建立逻辑思维模型，越早拥有学习“战斗力 + 竞争力”。加油！

恭喜你，第三阶段训练完成

花点时间，回顾一下每道题的思维特点及其思维的延伸方式，

归纳一下自己感受深刻的思维模型，这对形成正确的思维习惯帮助巨大。

两个星期后，尝试独立完整地重做这 10 组题，测试自己能够得多少颗★。

准备挑战第四阶段的学习和训练，加油！

第四阶段启蒙目标：磨砺思维技巧

第四阶段有10组题，帮助小朋友塑造“思维技巧＋延伸能力”。做题过程中要注重在不同步骤，充分借助对应的“指令”去引导自己思考问题的“方向＋方法”，要步步为营，遵循和发挥“指令”的引导作用，从理解到融通，领悟和熟练掌握“指令”引导解决复杂问题的技巧。

牢记和领悟思维的五个“秘诀”

掌握“以规则的不变，应对问题的万变”的思维能力

逻辑思维模型（思维习惯）

步骤1 表达逻辑，表达指令要求脑力重点放在“理解”。对外，通过展现依据，让别人理解你的结论。对内，方向：题目。方法：理解题意，领会“已知”，研究“求知”，预设出解题核心点（内因、内核）。

步骤2 推理逻辑，推理指令要求脑力重点放在“选择”。方向：聚焦已知要素。方法：针对已知的外部“条件、行为或者现象”，选择出或者组合出关联性最强的要素，作为应选的解题切入点（外因、显象）。

步骤3 观察逻辑，观察指令要求脑力重点放在“分辨”。方向：聚焦切入点。方法：分辨出切入点显性或隐性特征，或分辨出对切入点带有针对性补充的要素，确立出要点、公式、定律，作为解题的纽带。

步骤1

步骤2

步骤3

步骤4

步骤5

步骤4 分析逻辑，分析指令要求脑力重点放在“对比”。方向：聚焦纽带。方法：通过对比、计算或匹配，求出体现事物内在“意图、本质或根源”的要素，这个要素是解题的核心点（内因、内核）。

步骤5 判断逻辑，判断指令要求脑力重点放在“认定”。方向：聚焦构成解题依据的切入点和核心点。方法：首先假定结论能够成立，如果支持结论的切入点和核心点无法否定，结论才能够肯定。

《钥匙》说

不怕做不到，最怕不知道，知道不吃亏

《钥匙》的设计理念是帮助端正思维习惯，提升思维竞争力。《钥匙》的设计指标如下：

（1）做题的过程，需要暴露思维习惯上存在的症结，这样在探索解题的过程中，自然有针对性关注“没有想到的手段”，这个过程就是同步打通思维闭塞节点的过程；

（2）挑战题、实战题需要带有强启发性，感觉挑战题“难”，是因为挑战题按“锻造思路”进行设计，感觉实战题“难”，是因为解题需要比较套路与思路的思维特征，体现思路的优越性。

冲击《钥匙》的目标，加油

五个阶段的任何一个阶段，在十组题里面

独立解题得到 00—49 颗★，思维竞争力有望：前 50%。

独立解题得到 50—59 颗★，思维竞争力有望：前 40%。

独立解题得到 60—69 颗★，思维竞争力有望：前 30%。

独立解题得到 70—77 颗★，思维竞争力有望：前 20%。

独立解题得到 78—85 颗★，思维竞争力有望：前 10%。

独立解题得到 86—91 颗★，思维竞争力有望：前 5%。

独立解题得到 92—99 颗★，思维竞争力有望：前 1%。

一周一组，欲速不达，循序渐进，久习成性

争取在第四阶段回顾的时候，能够得到 86 颗★以上

挑战题 简单与复杂 ★★★★★

根据第一、第二、第三组的数字，运用逻辑能力，写出第四组的数字。

第一组：9 3 8　　第二组：9 6 4

第三组：2 8 4　　第四组：____

实战题 A船B船 ★★★★★

1. 西江有 A、B 两艘货船同时出发，都是先从甲地去 180 千米的乙地再返回，去程 A 船走了 7.5 小时，B 船走了 9 小时。假设水流速度不变，回程时如果 A 船回程用了 4.5 小时，那么 B 船回程需要多少小时呢？

A. 4　　B. 5　　C. 6　　D. 7

2. 西江有 A、B 两艘快艇同时出发，9 小时后同时到达甲地，A 是从乙地去甲地，B 是从甲地去乙地马上掉头回甲地，A、B 速度分别是每小时 25 和 38 千米。假设水流速度不变，问：水流时速是多少千米？

A. 4　　B. 5　　C. 6　　D. 7

逻辑是思考问题的“导航仪”。

《钥匙》的每一题，都能帮助你开发出一条解决问题的思维路径。

做题看解题要“一个步骤 + 一番思考”，还要争取“一番思考 + 一组领悟”，既然辛辛苦苦努力做题，就要扎扎实实有所收获，一组题目一组灵感，积微成著，启蒙效果必然十分显著。

★表示思维难度，难度越高，★越多。

解题

挑战题

简单与复杂 ★★★★★

步骤1，表达指令重点在“理解”。方向：给出的题目。方法：理解题意，识别出解题核心点。预设解题核心点是：找出“数字的变化规律”。提示：题目“难解”不代表“无解”，关键在于解题思路是否正确。

步骤2，推理指令重点在“选择”。方向：聚焦已知。方法：选择出关联性最强的解题切入点。为了找出关联性，把三组数字结合起来作为应选的解题切入点（外因）。

步骤3，观察指令重点在“分辨”。方向：聚焦切入点。方法：分辨切入点特征，建立解题纽带。观察侧重“分辨”，没有特征就制造特征，怎样制造呢？脑力顺着“938、964、284”向前延伸，尝试用“加、减、乘、除”寻找规律。三位数跨度大，无法“加加减减”“乘”只会带出四位数，重点放在“除”上，怎样“除”？从“除2”开始：938/2=469，如果学员脑力持续锁定在“每一个操作都尝试分辨结果的关联特征”上，就有机会发现469倒置是964，同样，964/2=482，也发现482倒置是284。这两个特征是解题纽带。

步骤4，分析指令重点在“对比”。方向：聚焦纽带。方法：对比、计算或匹配，求出核心点。分析侧重“对比”，对比纽带得出下组数来自上组数的“数字除以2再倒置”，这个“数字的变化规律”，是解题的核心点（内因）。

步骤5，判断指令重点在“认定”。方向：外因和内因。方法：复核思维过程，确认依据准确。第三组数是“284”，284/2=142，将“142”倒置，认定第四组的数字是241。

本题领悟重点：步骤3，观察环节。本题的解题“钥匙”就在自己思维的“缜密+细致”里，很明显，如果469不发生倒置，解题十分简单，现在倒置为964，解题就变得十分困难。本题“考验+操练”学员的思维敏锐性。

本题考验学员注意力能否集中，能否在每一个思维步骤，坚定不移地解决这个步骤需要解决的问题。团队设计本题是让学员通过做题去领悟：不要怕难题，有“指令”引导，解题有“思路”，思考问题有了方向感，解决方法无非就是多换几个角度入手，也许就像“一个倒置”那么简单。

实战题

题 1：用套路解题 ★★

用套路解题的关键：准确理解题意，熟练使用公式。A 船从甲到乙 7.5 小时，回程 4.5 小时，代表“去程是逆水，回程是顺水”。逆水：180 千米 /7.5 小时 =(A 船速度 – 河水流速)；顺水：180 千米 /4.5 小时 =(A 船速度 + 河水流速)。求出：A 船速度 =32，河水流速 =8 千米 / 小时。根据 180 千米 =9.0 小时 ×（B 船速度 – 河水流速），求出 B 船速度 =28 千米 / 小时，得出 180/（28 + 8）=5，B 船回程时间 =5 小时。答案：B。

题 2：用思路解题 ★★★

步骤 1，表达指令重点在“理解”。方向：给出的题目。方法：理解题意，识别出解题核心点。预设解题核心点是：首先需要明确“甲、乙之间的距离”。提示：理解题意正确，目标建立准确，是成功解题的第一步。

步骤 2，推理指令重点在“选择”。方向：聚焦已知。方法：选择出关联性最强的解题切入点。为了找出关联性，发现“9 小时后同时到达甲地，B 从甲地去乙地马上掉头回甲地”，里面包含时间与距离的关联性，是应选的解题切入点。

步骤 3，观察指令重点在“分辨”。方向：聚焦切入点。方法：分辨切入点特征，建立解题纽带。观察侧重“分辨”，脑力聚焦在切入点，因为 B 船 9 小时没有停留，“甲—乙—甲”走了一个来回，也就是说，B 船 9 小时共走了“甲、乙之间距离”的两倍。这个特征，是解题的纽带。

步骤 4，分析指令重点在“对比”。方向：聚焦纽带。方法：对比、计算或匹配，求出核心点。分析侧重“对比”，怎样对比呢？脑力顺着“B 是从甲地去乙地马上掉头回甲地”向前延伸，根据已知“水流速度不变”，对比出：无论 B 船从甲地去乙地是顺水还是逆水，一个来回“水流速度”刚好抵消。9 × 38=342 千米，得出甲、乙之间的距离是 171 千米，这是解题的核心点（内因）。

步骤 5，判断指令重点在“认定”。方向：外因和内因。方法：复核思维过程，确认依据准确。如果 A 船是顺水，171 千米 =9 ×（25 千米 / 小时 + 水流速度），水流速度 = – 6 千米 / 小时，负数代表 A 船是逆水，171 千米 =9 ×（25 千米 / 小时 – 水流速度），水流速度 =6 千米 / 小时。认定水流速度是：每小时 6 千米。答案：C。

本题领悟重点：步骤 3，步骤 4。思考本题的过程既考验学员的“缜密 + 细心”，也培养“缜密 + 细心”的心性。比如，本题把解题“钥匙”隐藏在“B 船走一个来回”里，目的就是考验学员的这些心性。本题在步骤 3 和步骤 4 都要清楚：无论是顺水还是逆水，相同速度的一个来回“水流速度”刚好抵消。

《钥匙》设计的题目，学员看解题时，要坚持看各个“指令”引导的思维“方向 + 方法”，要“一个步骤 + 一番思考”，启发自己的识别能力，这样能够高效提升逻辑思维能力。提问：“一番思考”，你会思考什么呢？

题外话 观念带动行为，行为养成习惯

观念带动行为，行为养成习惯，习惯生出兴趣，兴趣导致性格，性格改变命运。

这五句话，是经典的心理学结论，也是现实中对所有人的箴言。

对家长来说，“观念带动行为”非常重要。常说“家长有认知，孩子有机会”，家长认知不同，孩子获得的机会就不同。

对孩子来说，“行为养成习惯”格外显眼，常说“潜移默化，久习成性”，所有好的、不好的习惯、兴趣、性格都源自这里，孩子的逻辑能力需要启蒙、能够启蒙也源自于此。

用《钥匙》的话来说，“观念”是逻辑思维能力很重要，“行为”是孩子需要逻辑启蒙，“习惯”是树立逻辑性的思维模型，“兴趣”是脑力要能够延伸和善于延伸，“性格”是拥有敢于思考问题解决问题的自信。

挑战题 十颗糖果

★★★★

1. 亮叔叔有 10 颗糖果，五个小朋友甲、乙、丙、丁、戊里面有四人各吃了 1 颗，亮叔叔由甲到戊依次问五个小朋友：“谁吃了糖果”？五个小朋友都说没有。亮叔叔依次再问：“你们五人总共说了多少次谎”？甲说 10 次，乙说 9 次，丙说 8 次，丁说 7 次，戊说 6 次。后来，亮叔叔把剩余糖果奖励给没说谎的小朋友。这个小朋友是谁呢?

2. 小刘、小关、小胡、小邓四人约了吃饭，小刘最迟到达，随口问了一句：“你们谁先到的？”三人都说是自己。接着，出现了三个声音。小关说：“小胡说谎。”小胡说：“小邓说谎。”小邓说：“小关、小胡都说谎。”你有办法帮小刘分辨出谁先到吗?

实战题 小力放假

★★★★★★

1. 小力原计划闯关 M 次，每次赚 12 分积累分数换装备。结果有 1/3 按计划完成，有 1/3 每次拿 13 分，剩余部分每次拿 14 分，最后比 M 少 9 次完成积分成功更换装备。小力原计划的 M 是多少次呢?

A. 117　　B. 268　　C. 431　　D. 540

2. 小力原计划闯关 M 次，每次赚 11 分积累分数换装备。如果总平均比计划多赚 1 分，会提前 AB 次完成积分，如果总平均分比计划少赚 1 分，会增加 BA 次。A、B 各代表 1—9 间的不同数字，你能算出 M 次是多少次吗?

A. 117　　B. 268　　C. 431　　D. 540

创作团队善意提醒：

现在疏于补脑，将来忙于补习。

解题

挑战题

题 1 ★★

步骤 1，表达指令重点在“理解”。方向：题目。方法：通过理解题意，已知条件是互为对等关系，最适合用推理指令识别“对等关系”的关联性，选择出解题“切入点”。

步骤 2，推理指令重点在“选择”。方向：对等关系。方法：针对已知对等的“条件、现象或行为”，选择出与解题关联性最强的显性或隐性要素，作为解题的“切入点”。

为了找出关联性，应选“五个小朋友都说没有”，作为解题的切入点。五人都说没有，代表有四人讲假话，也就是，第一次问话时，五人假话说了 4 次。

第二次问话，假话数量会递增。甲说 10 次是假话，假话 5 次。乙说 9 次是假话，假话 6 次。丙说 8 次是假话，假话 7 次。丁说 7 次，刚好与假话次数吻合。认定：丁小朋友没有说谎。

题 2 ★★

步骤 1，表达指令重点在“理解”。方向：题目。方法：通过理解题意，已知条件是互为对等关系，最适合用推理指令识别“对等关系”的关联性，选择出解题“切入点”。

步骤 2，推理指令重点在“选择”。方向：对等关系。方法：针对已知对等的“条件、现象或行为”，选择出与解题关联性最强的显性或隐性要素，作为解题的“切入点”。

切入点是小关、小邓都涉及的“小胡说谎”。（提示：本题如果从“现象”入手，解题用推理逻辑；如果从“根源”入手，解题用判断逻辑）从切入点发现：如果小关说的“小胡说谎”是真话，那么小邓说的“小关、小胡都说谎”是假话，小胡说的“小邓说谎”就变成真话，这样就出现矛盾。如果小关说的“小胡说谎”是假话，自然只有小胡说的“小邓说谎”是真话。答案：小胡先到。

本组题领悟重点：推理“排他”训练，掌握“推理”技巧。如果懂得将“推理指令”灵活应用在日常生活里，将会体现出强大的推理能力。比如用“推理”去“辩论”肯定比对方更加“理直气壮”。比如题1懂得选择“五个小朋友都说没有”作为切入点，接着通过说谎的次数去解决问题就“理所当然”了。

实战题

题 1：用套路解题 ★

用套路解题的关键：准确理解题意，熟练使用公式。通过仔细理解题意，得出：有M/3次拿12分，有M/3次拿13分，有M/3次拿14分，总平均每次拿13分，根据结果减少9次，得出：$13\times(M-9)=12\times M$，求出M是117次。答案：A。

题 2：用思路解题 ★★★★★

步骤1，表达指令重点在“理解”。方向：给出的题目。方法：理解题意，识别出解题核心点。根据“求知”的引导，延伸出需要找出解题的核心点是：“AB、BA与数字的关系”。

步骤2，推理指令重点在“选择”。方向：聚焦已知。方法：选择出关联性最强的解题切入点。为了找出关联性，把“他每次闯关多赚1分，会提前AB次完成积累，如果他每次少赚1分，会增加BA次”结合起来作为重点思考的解题切入点（外因）。

步骤3，观察指令重点在“分辨”。方向：聚焦切入点。方法：分辨切入点特征，建立解题纽带。怎样分辨？来看看：

（1）脑力顺着“每次闯关多赚1分，会提前AB次完成积累”向前延伸，每次闯关多赚1分的总和=AB次不需要积累的分，$1\times(M-AB)=11\times AB$。

（2）脑力顺着“每次少赚1分，会增加BA次”向前延伸，M次少赚1分的总和=BA次需要赚回来的分，$1\times M=10\times BA$。整理（1）、（2）得出：$6\times AB=5\times BA$。这个特征是解题纽带。

步骤4，分析指令重点在“对比”。方向：聚焦纽带。方法：对比、计算或匹配，求出核心点。分析侧重对比，脑力聚焦顺着“$6\times AB=5\times BA$”向前延伸，发现“$5\times A$”的尾数只会是5或0，等式里面“$6\times B$”要与“$5\times A$”的尾数对接，B一定是“5”，“$6\times B$”的尾数一定是“0”，这样A一定是双数。

现在，把脑力再向前延伸一点，就能对比出：因为“$5\times B=25$”，那么“$6\times A$”的结果需要接近并小于25的双数，得出A只能是“4”。由此得出：AB=45，

BA=54。这是解题核心点（内因）。

步骤 5，判断指令重点在“认定”。方向：外因和内因。方法：复核思维过程，确认依据准确。根据解题的核心点，结合 $1 \times M=10 \times BA$，计算出答案：$M=10 \times 54=540$。答案：D。

本题领悟重点：步骤 3，步骤 4。在步骤 3，本题需要有很清晰的数理关系才能建立出解题的纽带。在步骤 4，针对“$6 \times AB=5 \times BA$”这条纽带，要用“6”去匹配最有个性的“5”，这样相对容易发现“B”必须是“5”，接下来就有“A 是双数”。过了一关，还有一关，那么怎样根据“B=5”求出 A 呢？本题很值得学员重温。

《钥匙》的题目有个特点，即非常重视培养和操练“数理关系”，所有涉及“数理关系”的题，都需要很强的“逻辑性”才能解题，这个过程，也深度锻造思维“逻辑性”和“想象力”，从而达到双丰收。

题外话 勤能补拙和笨鸟先飞

勤能补拙，“勤”仅能“补”解决问题过程的“拙”，用在学习上，如果通过“勤”去丰富“套路”，以此补充“思路”的不足，那不如直接补“智”。学习不具备正确的思路，靠套路无法“思维延伸”，只可以治标。

笨鸟先飞，那只“鸟”真的是因为“笨”才先飞吗？其实，有些“鸟”越飞越“聪明”，有些“鸟”越飞越“古板”，“先飞”最后能否到达目的地，关键要看那只鸟是否迷途。

读书正道要“强智”，要塑造“逻辑思路 + 善于延伸”的逻辑智慧，这才是明智的“先飞”。单凭“套路”进行“先飞”，也许短线可以，长线的话，当飞到没有“套路”时，就会飞不动。

挑战题 观察能力 ★★★★★

根据已知的三组字符，运用逻辑能力，写出第四组的字符。

第一组：508376CMKTHH　　第二组：08H76CM5TH

第三组：8HH6C05T　　第四组：________

实战题 李子的数量 ★★★★★

1. A、B、C摘了一些李子，每人吃2个后，剩下的李子三人可以平分，D过来吃了2个，剩下的李子四人也可以平分，后来E过来吃2个，剩下的李子五人仍然可以平分。问：A、B、C摘的李子最少有多少个？

2. A、B、C摘了一些李子，每人吃2个后剩下的李子三人无法平分，D过来吃了2个，剩下的李子四人也无法平分，后来E过来吃2个，剩下的李子五人可以平分。问：A、B、C摘的李子最少有多少个？

完成五个“步骤”的解题之后，

要“验证”或者“修正”自己的思路，重点在于领悟思维的“步骤＋方向＋方法”。

《钥匙》团队鼓励学员：边学边用，活学活用。越早“熟练掌握＋懂得应用”逻辑思路，越早拥有思维“逻辑性＋竞争力”。

第33周

解题

挑战题

观察能力 ★★★★★

步骤 1，表达指令重点在“理解”。方向：给出的题目。方法：理解题意，识别出解题核心点。预设解题核心点是：寻找“字符的变化规律”。提示：《钥匙》的难题，不是难在“能力”，而是难在“思路”。

步骤 2，推理指令重点在“选择”。方向：聚焦已知。方法：选择出关联性最强的解题切入点。为了找出关联性，把三组字符组合起来，成为应选的解题切入点（外因）。

步骤 3，观察指令重点在“分辨”。方向：聚焦切入点。方法：分辨切入点特征，建立解题纽带。观察侧重“分辨”，有指令引导脑力顺着“508376CMKTHH、08H76CM5TH、8HH6C05T”向前延伸，发现第一组字符前面是数字后面是字母，从第二组开始发生交叉变化，数字和字母同时发生位移，并且后一组比前一组递减两个字符，那么，减少了什么呢？细心看就能够分辨出减少的是正向的第四位“3”和逆向的第四位“K”，这个特征是解题纽带。

步骤 4，分析指令重点在“对比”。方向：聚焦纽带。方法：对比、计算或匹配，求出核心点。分析侧重“对比”，脑力顺着纽带向前延伸，直至对比出第二组减少的字符是“3”和“K”，原来“3”的位置，被尾数“H”取代，原来“K”的位置被首数“5”取代，第三组消失的“7”被尾数“H”取代，消失的“M”，被首位的“0”取代。从而得出字符的变化规律是：首尾字符交叉位移，交叉取代对应第四位的字符，这个“字符的变化规律”是解题的核心点（内因）。

步骤 5，判断指令重点在“认定”。方向：外因和内因。方法：复核思维过程，确认依据准确。根据（内因）的规律，得出第四组的字符是 HHT805。

本题领悟重点：步骤 3，观察环节。恪守指令分辨关联性特征，就有机会分辨出：数字 5 后移覆盖了字母 K，字母 H 前移覆盖了数字 3，后移、前移都是四个单位，题可解。

有家长问，这些特征是怎样分辨出来的呢？核心在于恪守“指令”引导进行“脑力延伸”。读书学习面对复杂问题不须发愁，考试成绩好不好，无非是解题的“思路”有不同而已。如果能坚持“一组一周”，那么现在肯定既有“逻辑思维流程”

作为解决问题的思路，也有指令引导脑力的延伸，“方向+方法”，解题就不是“难与易”，而是耗时“长与短”。

实战题

题 1：用套路解题 ★★

用套路解题的关键：准确理解题意，识别关联性，建立纽带。解题要找出三次可以平分的最小公倍数，识别出（M－6）/3 人，M ≥ 3 并且是 3 的整倍数，（M－8）/4 人，M ≥ 12 并是 4 的整倍数，（M－10）/5 人，M ≥ 15 并是 5 的整倍数。求出三人摘的李子最少是：3×4×5=60 个。

题 2：用思路解题 ★★★

步骤 1，表达指令重点在“理解”。方向：给出的题目。方法：理解题意，识别出解题核心点。斟酌“求知”，发现需要找出“五人能够平分的最少李子数”作为解题核心点。

步骤 2，推理指令重点在“选择”。方向：聚焦已知。方法：选择出关联性最强的解题切入点。推理侧重选择，发现“数量”带有关联性，“五人可以平分”自然成为重点思考的解题切入点。

步骤 3，观察指令重点在“分辨”。方向：聚焦切入点，方法：分辨切入点特征建立解题纽带。观察侧重“分辨”，五人怎样才可以平分呢？注意力集中，脑力从“平分”延伸，结合五人吃了 10 个，分辨出五人平分的李子数 =（李子总数－10）/5。这是解题的纽带。

步骤 4，分析指令重点在“对比”。方向：聚焦纽带。方法：对比、计算或匹配，求出核心点。分析侧重“对比”，根据纽带，（1）当五人平分的李子数是“1”时，李子总数是 15，“15－6=9”不符合 3 人不能平分。（2）当平分李子数是“2”时，总数是 20，“20－8=12”不符合 4 人不能平分。（3）当五人平分的李子数是“3”时，李子总数是 25，“25－10=15”，5 人能平分，也符合其他“不能平分”的条件。这是解题的核心点（内因）。

步骤 5，判断指令重点在“认定”。方向：外因和内因。方法：复核思维过程，确认依据准确。认定答案，摘的李子最少是 25 个。

借本题的解题契机，讲一些心得：解题之所以没有头绪，通常是急于研究“已知”解题，而疏忽了研究“求知”设定解题核心点。如果斟酌“求知”，会发现寻找“最少”就要从满足五人能够平分的最小李子数入手，这样解题就不难了。本题的设计意图是提醒在理解题意的过程中要重视“斟酌求知”，要实实在在体现“指令”引导思维的实用价值。

题外话 盲目“捷足”，未必能“先登”

分解成语“捷足先登”的逻辑结构：要有一双“好足”是根源（内因），行动要“快捷”是条件（外因），有“好足 + 快捷”作为依据，支撑了“先登”的期望值（观点、结论）。好玩吗？

成语都带有“逻辑关系”，也正是由于成语具有“逻辑性”，才能成为有价值的社会“指南”。小朋友可以尝试拆解其他成语，体验自己的逻辑识别能力，比如手到擒来、顺手牵羊等。

“捷足先登”用在学习上，“好足”代表能力，“快捷”代表行为，“先登”不仅代表结果，“登”也暗喻了“有目标”，否则就算有“好足”，盲目加鞭“快捷”（补习 + 补习），也许会南辕北辙。孩子“登”的路途漫漫，“登”的目标一定要建立准确，凭揠苗助长式的“先 + 登”，恐欲速不达。

挑战题 谁偷了鸡 ★★★

小明家养的鸡被人偷了，有A、B、C三名嫌疑人，其中，一个是主犯，一个是帮手，一个是无辜者。询问他们的时候，B、C中有人说A不是帮手，A、C中有人说B不是主犯，A、B中有人说C不是无辜者。三句话里面至少有一句是无辜者讲的，只有无辜者讲的才是真话。根据这些信息，你知道主犯、帮手和无辜者分别是谁吗？

实战题 两船距离 ★★★★★★★

1. A、B两艘油轮从相隔220千米的海面对开，时速分别是30和25千米，A油轮的无人机以时速90千米的速度在两油轮之间往返飞行观察海况直到两船相遇。问：这个过程中，无人机总共飞行多少千米？

A. 360　　B. 420　　C. 480　　D. 520

2. 早上6点，A油轮以30千米的时速驶向因故障停在海面的B油轮，B油轮同时放出时速90千米的无人机飞往A油轮，无人机在A油轮停留3小时后，飞行3小时回到B油轮。问：早上6点时两油轮相隔多少千米？

A. 360　　B. 420　　C. 480　　D. 520

逻辑让你拥有解决问题的“钥匙”。

每道难题，都有机会让你从“百思不解”之中收获一组“思维秘钥”。

《钥匙》设计的题重点不是为了教数学，而是培养学员的“逻辑思维能力”，解题过程中学员经常需要“脑力延伸”，这个延伸过程既发挥“想象力”，也培养“想象力”。

解题

挑战题

谁偷了鸡 ★★★

步骤 1，表达指令重点在“理解”。方向：题目。方法：通过理解题意，已知条件是互为制约关系，最适合用判断指令，通过假定核心点（内因）去解决问题最有效。

步骤 2，判断指令重点在“认定”。方向：已知的制约关系。方法：先假定出一个核心点，检查结论是否成立，如果得出的结论无法否定，才能肯定假定的核心点正确。

（1）假定核心点为 A 是无辜者，就代表“A 不是帮手”是真话，这样 B、C 中会出现一个无辜者，由于只有一个无辜者，不应选 A 是无辜者。

（2）假定核心点为 B 是无辜者，就代表“B 不是主犯”是真话，这样 A、C 中会出现一个无辜者，由于只有一个无辜者，不应选 B 是无辜者。

（3）假定核心点为 C 是无辜者，那“C 不是无辜者”就是假话，这是 A 或者 B 说的。C 是无辜者无法否定，A、B 当中必然有一个是主犯，一个是帮手。

（4）前面第一句“A 不是帮手”和第二句“B 不是主犯”，至少有一句是 C 说的，但如果一句是真，另一句是假，便会出现两个主犯或者两个帮手的矛盾，所以，这两句都是 C 说的。现在结果有了：A 是主犯，B 是帮手，C 是无辜者。

本题领悟重点：判断技巧。本题是强化“排他”能力，通过判断指令进行“先假定，不能否定，才可以肯定”，比如本题“通过假定一个核心点”，以此作为“否定”的依据，最后出现不能“否定”的结果，就能得出正确的答案。

《钥匙》设计的题目有一定的深度，一是为了暴露思维习惯存在的短板，有发现才有机会打通闭塞的节点，二是“挑战题、实战题”需要有深度，才能有效帮助小朋友积累经验，拓宽“脑力延伸”的空间，建立解决复杂问题的“想象力 + 自信心”。在知识层面，题目对标小初阶段的认知水平；在思维层面，解题思路“需要有逻辑性”，也“同步培养逻辑性”。

实战题

题 1：用套路解题 ★★

用套路解题的关键：准确理解题意，熟练使用公式。因为无人机的飞行时间 = 两油轮相遇的时间，两油轮相遇的时间 = 总距离 /（A 油轮时速 + B 油轮时速）=220/（30 + 25）=4 小时，无人机总共飞行了 90×4=360 千米。答案：A。

题 2：用思路解题 ★★★★★

步骤 1，表达指令重点在“理解”。方向：给出的题目。方法：理解题意，识别出解题核心点。根据已知条件，设定的核心点是“无人机从 B 油轮飞往 A 油轮的时间”。假定时间为 M。提示：《钥匙》的难题不是难在“有没有能力”，而是难在“有没有思路”。

步骤 2，推理指令重点在“选择”。方向：聚焦已知。方法：选择出关联性最强的解题切入点。为了找出关联性，应选“无人机停留在 A 油轮 3 小时后起飞，飞行 3 小时回到 B 油轮”作为解题的切入点（外因），确立切入点正确，观察问题才准确。

步骤 3，观察指令重点在“分辨”。方向：聚焦切入点。方法：分辨切入点特征，建立解题纽带。观察侧重“分辨”，注意力集中，顺着切入点向前延伸：这 6 个小时里，油轮和无人机各走了多远呢？这就有机会分辨出：无人机在 A 油轮停留 3 小时期间，A 油轮的行驶距离 =3×30=90 千米，无人机返回 B 油轮的期间，飞行 3 小时的距离 =3×90=270 千米。得出：无人机从 B 油轮飞行到达 A 油轮时，飞行距离是 90 + 270=360 千米。这是解题的纽带。

步骤 4，分析指令重点在“对比”。方向：聚焦纽带。方法：对比、计算或匹配，求出核心点。分析侧重“对比”，根据纽带，无人机从 B 油轮飞往 A 油轮飞行了 360 千米，计算出无人机从 B 油轮飞往 A 油轮需要的时间是 360/90=4 小时。这是解题的核心点（内因）。

步骤 5，判断指令重点在“认定”。方向：外因和内因。方法：复核思维过程，确认依据准确。在无人机从 B 油轮飞往 A 油轮的 4 小时里，A 油轮向 B 油轮也行驶了 4 小时，行驶距离是 4×30=120 千米。得出早上 6 点时，两油轮相隔的距离是 120 + 360=480 千米。答案：C。

本题领悟重点：步骤 3，观察环节。解题的思维过程是通过“无人机在 A 油轮停留 3 小时后，飞行 3 小时回到 B 油轮”，去找出无人机到达 A 油轮那一刻 A、

第 34 周

B 两船的距离。由此算出“无人机从 B 油轮飞行到达 A 油轮”所需要的飞行时间，能够延伸出这个想法，题可解。

观察，重点是分辨关联事物隐藏的关联特征。逻辑关系描述的是一种关联性，逻辑关系如同纽带，在各种关联事物之间搭建出因果、依赖、共享等关系，关联特征体现在形成逻辑关系的因素中。比如本题，已知与求知形成逻辑关系的因素是无人机由 A 飞向 B 的飞行时间。

本题是经典应用“指令”引导思维方向，准确把握解题方法的示范题，本题引导解题的思维方式对学员思考问题具有启发意义。提议学员回顾时留意解题思路的“节奏感、层次感”。

题外话 理解能力究竟是什么?

老师、家长经常对小朋友说“要提高理解能力”，有人告诉小朋友理解能力究竟是什么，以及怎样才能提高理解能力吗? 简单来说，在文科的阅读方面，理解能力的重点通常是侧重识别“依据（外因 + 内因）”的能力。

针对理科，特别是针对解题，理解是为了“设立目标”。理解并不是局限于“明白”题目的内容，而是“明白”题目内容后“准确预设出一个解题的目标”。《钥匙》每一题的第一个思维步骤“表达环节”都注重对理解能力的“训练 + 引导”，即应该怎样预设解题的核心点（目标）。

挑战题 你也知道吗？ ★★★★★

老师从 16 张扑克牌里面拿起 2 张牌，余下的摊放在桌面，分别是：红桃 A、5、3，黑桃 K、6、2、4，草花 Q、4、8、6，方块 J、7、9。

老师将手上的 2 张牌分给小力一张方块 5，老师问小力："你知道我手上的是什么牌吗？"小力说："我知道。"你知道老师手上的是什么牌吗？

实战题 清空大水井 ★★★★★

1. 清空一口废弃很久的大水井，用 3 台抽水机抽水 8 小时能见底，停机后 8 小时发现，水井的水又回到原水位，现在用 2 台抽水机再重新进行抽水，如果一切顺利，你认为需要抽水多少小时才能见底呢？

A. 12　　B. 16　　C. 20　　D. 24

2. 清空一口废弃很久的大水井，用 3 台抽水机抽水 28 小时能见底，当 3 台机抽水 6 小时后，水位再没有下降，停机检查发现有 1 台抽水机坏了，修理 5 小时后 3 台抽水机再重新抽水，抽水多少小时才能见底呢？

A. 12　　B. 16　　C. 20　　D. 24

解题

挑战题

你也知道吗？★★★★★

步骤 1，表达指令重点在“理解”。方向：给出的题目。方法：理解题意，识别出解题核心点。预设解题核心点是：找出“牌包含的规律”。提示：领悟和累积下面的思维模式，能够变得更加聪明。

步骤 2，推理指令重点在“选择”。方向：聚焦已知。方法：选择出关联性最强的解题切入点。为了找出关联性，该把四组牌结合起来作为解题切入点（外因）。

步骤 3，观察指令重点在“分辨”。方向：聚焦切入点。方法：分辨切入点特征，建立解题纽带。观察侧重“分辨”，脑力顺着“四组牌”向前延伸：“红 / 黑 / 草 / 方”目前的数量排列是 3/4/4/3，小力手上的牌是“方块 5”，加进去排列变成 3/4/4/4”。通过共性关系，马上分辨出老师手上牌的颜色应该是“红桃”，形成“红 / 黑 / 草 / 方 =4/4/4/4”的共性。这个特征是解题的纽带。

步骤 4，分析指令重点在“对比”。方向：聚焦纽带。方法：对比、计算或匹配，求出核心点。脑力锁定对比纽带，对比完整的黑色牌，黑色牌是“黑桃 K、6、2、4，草花 Q、4、8、6”，对比出黑组数字规律是（2、4、6）+（4、6、8），是双数依次有序排列，这是解题核心点。

步骤 5，判断指令重点在“认定”。方向：外因和内因。方法：复核思维过程，确认依据准确。分析侧重“对比”，根据核心点，“方块 J、7、9”加上小力的“方块 5”，变成：“方块 J、5、7、9”，是单数依次有序排列。现在剩余的是“红桃 A、5、3”，老师的牌一定是“红桃 7”，才能形成“单数依次有序排列”的共性：“红桃 A、3、5、7”。答案：老师手上的牌是“红桃 7”。

本题领悟重点：步骤 4，分析环节。本题的解题“钥匙”隐藏在“牌的共性关系”里，考验小朋友识别“共性”的能力。希望拥有思维竞争力，脑力运动必须：既有“线性”的思维能力，又有“多维”的延伸能力，即在蛛丝马迹之中找出事物“共性”的能力。

比如本题，分析指令引导脑力聚焦在“对比”上，黑组数字是（2、4、6）+（4、6、8）双数依次排列，对比方块数字“5、7、9”的单数依次排列，就能够通过“一脉相通”的共性匹配出红桃的数字里“5、3”缺的是“7”。做题后要坚持回顾，不要错过每一步解题思路的吸收和融通，看解题一定要“一个步骤，一番思考”，用上一个步骤的结果启发下一个步骤的思维灵感。

实战题

题 1：用套路解题 ★★

用套路解题的关键：准确理解题意，熟练使用公式。假定抽水机每小时抽水量是 A，由“停机后 8 小时，水井的水又回到原位”可知，每小时涌水量 = 原水量 /8。根据抽水量 = 原水量 + 涌水量，结合已知的“3 台抽水机 8 小时抽水能见底”得出，3×8×A= 原水量 + 8×（原水量 /8），原水量 =12×A。现在，2×A× 抽水时间 =12×A + 抽水时间 ×（12×A）×1 /8，求得：抽水时间 =24 小时。答案：D。

题 2：用思路解题 ★★★

步骤 1，表达指令重点在“理解”。方向：给出的题目。方法：理解题意，识别出解题核心点。研究“求知”，需要找出重新抽水时水井的“水量”。假定抽水机每小时抽水量是 A。提示：领悟下面的思维模式能够让思考问题的过程思路清晰。

步骤 2，推理指令重点在“选择”。方向：聚焦已知。方法：选择出关联性最强的解题切入点。为了找出关联性，识别出应选“3 台机抽水 6 小时后，水位再没有下降，停机检查发现有 1 台抽水机坏了”，这两个现象结合起来，是解题切入点（外因）。

步骤 3，观察指令重点在“分辨”。方向：聚焦切入点。方法：分辨切入点特征，建立解题纽带。观察侧重“分辨”，注意力聚焦在切入点，脑力很快会延伸：什么情况下才会出现这种情况呢？这样就有机会分辨出：涌水量 =2×A。脑力再延伸：6 小时抽了多少水呢？这自然是“6×3×A=18×A”的水量，这两个特征，是解题的纽带。

步骤 4，分析指令重点在“对比”。方向：聚焦纽带。方法：对比、计算或匹配，求出核心点。分析侧重“对比”，根据“3 台抽水机 28 小时抽水能见底”，有：3×28×A= 原水量 + 28×2×A，求出原水量 =28×A。由于 6 小时抽了 18×A 水量，“修理 5 小时”水井的反涌水量是 5×2×A，重新开机抽水时，水井的水量是：原水量 − 18×A + 5×2×A=20×A。这是解题核心点（内因）。

步骤 5，判断指令重点在“认定”。方向：外因和内因。方法：复核思维过程，确认依据准确。根据：3×A× 抽水时间 =20×A + 抽水时间 ×2×A，抽水时间 =20 小时，得出 3 台抽水机开始重新抽水，见底需要的时间是 20 小时。答案：C。

本题领悟重点：步骤 3，观察环节。解题必须准确理解题目的每句话，设计意图是“考验 + 提升”学员思维过程的“精细度 + 组织力”。精细度是一种思维习惯，组织力是一种思维技巧。

从“思路”的角度来看，本组两题是相通的，如果仅能解一题，“套路”思维重，两题能解，“思路”纯熟。有学员问：“套路、思路”究竟是什么？其实这只是相对的两个概念，《钥匙》讲的“套路”通常是指课堂、课本教的思维模式，而“思路”是指遵循逻辑思维流程思考问题的思维模式。

题外话 怎样建立荣誉感？

荣誉感，是争取荣誉的态度。荣誉来自成绩或者胜利，荣誉有属于个人的，有属于集体的。比如，学子学习成绩在班里名列前茅，在班里获得“成绩好”的个人荣誉。例如唱歌比赛，参赛者的唱歌班获胜，唱歌班就获得“第一名”的集体荣誉。

缺乏荣誉感的根源通常是缺乏自信。《钥匙》鼓励通过参加团队活动，借助集体荣誉感的熏陶，潜移默化萌生追求荣誉的自信和意念。建立自信心和树立荣誉感基本同理：用成功证明自己可以获得成功，用荣誉证明自己可以获得荣誉。

挑战题 谁摘了荔枝？ ★★★★

学校郊外活动，A、B、C、D、E 五个小朋友去农家后院玩，有人摘了农家的荔枝。老师向五个小朋友了解情况：“谁摘了荔枝？”

A 回答：“D 说只有一人摘了。”B 回答：“E 知道有其他两人摘了。”C 回答：“A 和 B 两人摘了。”D 回答：“C 说的不对。”E 回答：“D 摘了，A 也承认摘了。”事实上，他们五人当中摘荔枝的说假话，没摘的说真话。你能识别出谁参与了摘荔枝吗？

实战题 环保用水 ★★★★★★

1. 按整数计：家庭每月不超 20 吨每吨 1 元，超出部分每吨 2 元；商铺每月不超 30 吨每吨 2 元，超出部分每吨 3 元。本月小关商铺用水量正好 30 吨，家里和商铺的水费完全相同。问：本月小关家里用水多少吨？

A. 20　　B. 28　　C. 34　　D. 40

2. 按整数计：家庭每月不超 20 吨每吨 1 元，超出部分每吨 2 元；商铺每月不超 30 吨每吨 2 元，超出部分每吨 3 元。本月小关商铺用水比家里多 11 吨，商铺水费比家里多 43 元。问：本月小关家里用水多少吨？

A. 20　　B. 28　　C. 34　　D. 40

创作团队善意提醒：

现在疏于补脑，将来忙于补习。

遇到“难题”，要先审核思考问题的“步骤”，再针对“指令”引导的“方向”，审核思维延伸的“方法”，只要“不懈 + 信心”，就有机会成功。

解题

挑战题

谁摘了荔枝？★★★★

步骤 1，表达指令重点在“理解”。方向：给出的题目。方法：理解题意，识别出解题核心点。预设解题核心点是：要找出“谁讲假话”。提示：每一题不仅启发一种思维方法，而且启蒙一组思路。

步骤 2，推理指令重点在“选择”。方向：聚焦已知。方法：选择出关联性最强的解题切入点。为了找出关联性，识别出应选信息量大的“E 回答：‘D 摘了，A 也承认摘了’”作为解题的切入点（外因）。

步骤 3，观察指令重点在“分辨”。方向：聚焦切入点。方法：分辨切入点特征，建立解题纽带。观察侧重“分辨”，脑力顺着切入点向前延伸：A 有承认吗？好像没有哦，A 只是回答“D 说只有一人摘了”。由此分辨出 E 说假话，这样 E 说“D 摘了”反而代表“D 没有摘”，根据“D 回答：‘C 说的不对’”，也分辨出 C 说假话，这是解题的纽带。

步骤 4，分析指令重点在“对比”。方向：聚焦纽带。方法：对比、计算或匹配，求出核心点。分析侧重“对比”，通过纽带对比出 A 说谎，B 没有说谎，这是解题的核心点（内因）。

步骤 5，判断指令重点在“认定”。方向：外因和内因。方法：复核思维过程，确认依据准确。最后得出：A、C、E 三个小朋友摘了，B、D 没摘。

本题领悟重点：步骤 3，观察环节。本题展示了生活里充满逻辑关系。本题训练学员如何熟练使用“五大指令”，本题小朋友说的几句话，是纽带关系，可以用观察逻辑，通过“排他”解题，现在选择用思维流程解题，是为了让学员知道：逻辑思维流程（逻辑思路）是思考问题、解决问题的“万能工具”。事实上无论哪种方式解本题，重点都在于观察环节要分辨出“A 并没有承认”这个特征。

要具备“正确之中选准确”的能力，成绩才能脱颖而出。“正确之中选准确”并不遥远，每天都在我们身边发生，比如本题，“E 回答：‘D 摘了，A 也承认摘了’”，这个选项包含的信息最丰富，选择这个作为解题切入点的过程，就是“正确之中选准确”的过程。

如果缺乏“正确之中选准确”的能力，在高级别的竞争当中很可能处于弱势。

如果希望验证或者培养“正确之中选准确”的能力，可以扫描本书二维码，登录“逻辑题”。“逻辑题”是《钥匙》团队为了训练强大的识别能力、“在正确之中选择准确”的能力以及掌握准确“构建逻辑关系”的写作技巧，特别设计的训练“工具”。

实战题

题 1：用套路解题 ★★

用套路解题的关键：准确理解题意，熟练使用公式。“本月小关商铺用水量正好30吨”，也就是说，商铺水费和家庭水费都是60元，家庭用水肯定超标，这样就有60=20×1+（家庭用水量－20）×2，得出本月小关的家庭用水量是40吨。答案：D。

题 2：用思路解题 ★★★★

步骤1，表达指令重点在“理解”。方向：给出的题目。方法：理解题意，识别出解题核心点。根据“求知”的引导，延伸出要成功解题，首先要明确“商铺用水究竟有没有超标”。提示：下面的思维模式，帮助清晰思路。

步骤2，推理指令重点在“选择”。方向：聚焦已知。方法：选择出关联性最强的解题切入点。为了找出关联性，应把“商铺用水比家里多11吨，商铺水费比家里多43元”这两个“条件”结合起来，作为解题的切入点（外因）。

步骤3，观察指令重点在“分辨”。方向：聚焦切入点。方法：分辨切入点特征，建立解题纽带。脑力顺着切入点向前延伸，假如商铺用水没有超标，根据“商铺用水比家里多11吨”，按最低用水量，假如家里用水也没有超标。得出：2×商铺用水量－1×（商铺用水量－11）=43元，这是解题纽带。

步骤4，分析指令重点在“对比”。方向：聚焦纽带。方法：对比、计算或匹配，求出核心点。对比纽带，2×商铺用水量－1×（商铺用水量－11）=43元，求出商铺用水量=32吨。明显看出32吨超标，假设“商铺用水没有超标”不成立，这是解题的核心点（内因）。

步骤5，判断指令重点在“认定”。方向：外因和内因。方法：复核思维过程，确认依据准确。根据“商铺用水有超标”，计算出商铺水费是“2×30（没有超标的30吨）+3×商铺超标部分”，由于商铺用水比家里多11吨，计算家用水费是“1×20（没有超标的20吨）+2×10（商铺用水与家里用水的额度差：30－20=10）+2×（商铺超标部分－11）”。

由于“商铺水费－家用水费=43元”，得出（60＋3×商铺超标部分）－（18＋2×商铺超标部分）=43，求出“商铺超标部分”=1吨。结论是：商铺用水=31吨，商铺水费是63元；本月小关家里用水量是31－11=20吨，家用水费是20元。答案：A。

本题领悟重点：步骤1，表达环节。回顾本题时要思考：为什么表达环节设定“商铺用水有没有超标”作为解题核心点呢？这是因为“用水有没有超标”是解题绕不过去的因素，如果疏忽了这个因素，说明思维的缜密性存在短板，必须消除。

本题的解题“钥匙”隐藏在“商铺用水有没有超标”里，考验和训练学员思维的“缜密＋细心”，多接触这类题型能强化面对复杂问题的“自信”。从本题的解题过程中要学会：遇到“两可”问题时，要先处理“简单的那一个”，这样在面对和解决相对“复杂的那一个”时，才不会动摇信心。

题外话 套路思维不能自主升华成思路思维怎么办？

学习能力与逻辑能力成“正比”关系。课堂教学通常是教套路，小朋友容易形成“套路思维习惯”，当然，“套路思维”是有机会升华成“思路思维”的，能够自主成功升华的小朋友就是学霸。

如此一来，对小朋友的学习竞争力就存在极大考验：万一不能升华怎么办？关于这一点，充分体现出《钥匙》的价值，《钥匙》是帮助小朋友直接建立“逻辑思维习惯”的有效“工具”。

挑战题 多少奖金？

★★★★★

小力说，学好数学必须熟识数字之间的属性，培养出与数字的亲和力。小力出了一道题：某公司拿出总额 G3FGH2KS 元平分奖励给甲、乙、丙三个分公司各 SDFGH2K 元，其中所有字母均可以代表 1—9 之间的任意数字。你知道他们奖励了多少奖金吗？

实战题 高速公路

★★★★★

1. A、B、C 三车各自均速行驶同时向目的地出发，其中 A、B 由甲地驶向乙地，C 由乙地驶向甲地。3 小时后，C 与 A 在两地中点相遇，当 C 首先到达目的地时，A 在 B 前面 240 千米，已知 B 的时速是 70 千米。问：甲、乙相距多少千米？

A. 600　　B. 620　　C. 660　　D. 680

2. A、B、C 三车各自均速行驶同时向目的地出发，其中 A、B 由甲地驶向乙地，C 由乙地驶向甲地。3 小时后，C、A 相隔 60 千米，再过 2 小时当 C 首先到达目的地时，C、B 相隔 300 千米，A 在 B 前面 200 千米。问：甲、乙相距最少多少千米？

A. 600　　B. 620　　C. 660　　D. 680

逻辑让你变得更有“智慧”；

有“指令”引导思维“方向 + 方法”，思考问题如有“指路明灯”。

眼前的学习成绩是“眼前”的，长远的思维能力才是“永恒”的，所谓学习潜力，“潜”在不可见的逻辑思维能力中。学习成绩“弱”用何物“补”？如果希望一劳永逸，肯定是补思路。

解题

挑战题

多少奖金？★★★★★

步骤1，表达指令重点在“理解”。方向：给出的题目。方法：理解题意，识别出解题核心点。预设解题核心点是：找出“字母与数字的关系”。难题通常不是难在“有没有学过”，而是难在“有没有思路”。

步骤2，推理指令重点在“选择”。方向：聚焦已知。方法：选择出关联性最强的解题切入点。为了找出关联性，组合出3×SDFGH2K=G3FGH2KS作为解题切入点（外因）。

步骤3，观察指令重点在“分辨”。方向：聚焦切入点。方法：分辨切入点特征，建立解题纽带。观察侧重“分辨”，脑力顺着“3×SDFGH2K=G3FGH2KS”向前延伸：为什么SDFGH2K是7位数，G3FGH2KS是8位数呢？这样马上分辨出：3×S肯定大于10，G肯定是3×S得出双位数里面的十位数，可能G=2，可能G=1。这两个特征是解题纽带。

步骤4，分析指令重点在“对比”。方向：聚焦纽带。方法：对比、计算或匹配，求出核心点。分析侧重“对比”，脑力锁定“对比”纽带：有可能G=2，有可能G=1。对比分两步：

（1）如果G=2，G3FGH2KS变成23F2H2KS，现在根据3×SDF2H2K知道：首位数3×S的结果接近并小于23的只有7，得出S=7。根据23FGH2KS的个位数S=7，3×SDFGH2K里面的个位数K=9。如此，“3×SDFGH2K”的尾数是“3×29=87”，而“G3FGH2KS”的尾数是“97”，两者的尾数不同，说明“G=2”的假定不成立。

（2）如果G=1，G3FGH2KS变成13F1H2KS，同上，根据3×SDF1H2K知道首位数3S接近并小于13的只有4，得出S=4。根据13F1H2KS的个位数S=4，3×4DF1H2K里面的个位数K=8，从而有3×4DF1H28=13F1H284。再看3×4DF1H28的3×H，尾数能够是2的只有4，H=4，有：3×4DF1428=13F14284。验证：3×1428=4284，无误。现在看前几位数：3×4DF=13F1，3×F尾数是1的只有7，由于F=7，产生：3×4D7=1371。能够满足“3D尾数＋2=7”的“D”只有D=5，这是解题的核心点（内因）。

第37周

步骤 5，判断指令重点在“认定”。方向：外因和内因。方法：复核思维过程，确认依据准确。S=4，D=5，F=7，G=1，H=4，K=8。答案：SDFGH2K =4571428 元。

本题领悟重点：步骤 4，分析环节。本题的解题“钥匙”隐藏在“3×S”里，当出现“3×SDFGH2K=G3FGH2KS”后，在观察环节，脑力要延伸出特征：10 < 3×S < 30。在分析环节重点考验学员对“数字之间关联性”的认知，考验学员运用数理关系的功力究竟有多深，当然，还需要有“缜密 + 细心 + 自信”，才能成功解题。本题：理顺数理关系 = 找到逻辑关系。

实战题

题 1：用套路解题 ★

用套路解题的关键：准确理解题意，熟练使用公式。识别出 3 小时 A、C 的相遇点是甲、乙距离的中点，说明 A、C 速度相同，A、C 到达目的地都需要 6 小时。另外，6 小时 B 行驶了 6×70=420 千米，A 比 B 快，并且多走了 240 千米，由此得知甲、乙两地相距 =420 + 240=660 千米。答案：C。

题 2：用思路解题 ★★★★

步骤 1，表达指令重点在“理解”。方向：给出的题目。方法：理解题意，识别出解题核心点。解题的核心点是需要找出“C 车的速度”。

步骤 2，推理指令重点在“选择”。方向：聚焦已知。方法：选择出关联性最强的解题切入点。推理侧重“选择”，发现“距离”带有关联性，将“3 小时 C、A 相隔 60 千米”与“再过 2 小时，当 C 首先到达目的地时，C、B 相隔 300 千米”相结合，作为解题的切入点（外因）。

步骤 3，观察指令重点在“分辨”。方向：聚焦切入点。方法：分辨切入点特征，建立解题纽带。观察侧重“分辨”，根据“C 到达甲地时，C 与 B 相隔 300 千米”，说明 B 时速 =300/5=60 千米 / 时，此时“A 在 B 前面 200 千米”，也有 200=5×（A 速度 – B 速度），得出 A 速度 =100 千米 / 时。这个特征是解题纽带。

步骤 4，分析指令重点在“对比”。方向：聚焦纽带。方法：对比、计算或匹配，求出核心点。分析侧重“对比”，针对求知是“相距最少”，这说明“60 千米”是 C、A 两车相遇后交错的距离，此时 C 离甲地的距离是 3×A 速度 – 60=3×100 – 60=240 千米，由于“再过 2 小时 C 首先到达目的地”，那么 C 速度 =240/2=120 千米。这是解题核心点（内因）。

步骤 5，判断指令重点在“认定”。方向：外因和内因。方法：复核思维过程，确认依据准确。现在可以认定甲、乙两地“相距最少”的距离是 5×120=600 千米。答案：A。

本题领悟重点：步骤 3，观察环节。题 2 的设计目的是让学员充分体会“指令”引导思维“方向＋方法”的优势，体验脑力“聚焦”的解题优势。

本题的解题“钥匙”隐藏在“5 小时 C 与 B 的距离”里，本题有几个地方考验思维的“缜密＋细致”，同时深度锤炼对“三角关系”的推理、观察和分析能力。比如根据题意能够确定“60 千米”是 C、A 两车相遇后交错的距离，这属于“正确之中选准确”得出的结果。回顾时，注重领悟解题脑力聚焦的“要点＋节奏”。

题外话 《钥匙》塑造两大思维习惯

《钥匙》的题目有深度，目的是“暴露”小朋友的思维短板，然后通过看解题去“消除”这些短板。看解题要“一个步骤＋一番思考”，这样能够有效端正“思维习惯”的两大核心要素。

1. 端正思考过程：思维的“缜密＋耐性＋自信”。重点在于遵循步骤思考问题“有条不紊”。

2. 端正思考问题：思维的“步骤＋方向＋方法”。重点在于让脑力的思维运动“有章可循”。

这两个方面是团队设计《钥匙》项目的训练重点。

挑战题 谁弄破了玻璃窗？ ★★★

小力、小豆、小浩三人在小区踢球，其中一人不小心把保安亭的玻璃窗弄破了，保安过来问：“谁弄破的”？

小力说：“不是我弄破的，也不是小豆弄破的。”

小豆说：“不是我弄破的，也不是小浩弄破的。”

小浩说：“不是我弄破的，我也不知道谁弄的。”

已知他们每人的两句话里面只有一句是真话，运用逻辑能力，能够找出是谁弄破了玻璃窗吗？

实战题 数学比赛 ★★★★★★★

1. 数学比赛规定，每道题答对得 4 分，不答扣 1 分，答错扣 4 分。共有 50 道题，小豆同学做了 42 道题，获得了 112 分。问：小豆同学做错了多少道题？

A. 3　　B. 4　　C. 5　　D. 6

2. 数学比赛规定，每道题答对得 4 分，不答扣 1 分，答错扣 4 分。共有 50 道题，小豆同学经过努力获得了 166 分。问：小豆同学做错了多少道题？

A. 3　　B. 4　　C. 5　　D. 6

逻辑让你思考问题有“节奏”。

《钥匙》帮你建立起逻辑思维步骤，这是思维竞争力的“基本功”。

每个人出现短板的情况、程度都不同，感觉《钥匙》题目“难”，《钥匙》帮助修正思维过程的短板；如果题目“易”，但还是出现错漏，《钥匙》辅助建立思维的“缜密性”。

解题

挑战题

谁弄破了玻璃窗？★★★

步骤 1，表达指令重点在“理解”。方向：题目。方法：通过理解题意，已知条件是互为对等关系，最适合用推理指令识别“对等关系”的关联性，选择出解题“切入点”。

步骤 2，推理指令重点在“选择”。方向：对等关系。方法：针对已知对等的“条件、现象或行为”，选择出与解题关联性最强的显性或隐性要素作为解题的“切入点”。

根据小浩说的“我也不知道谁弄的”肯定是假话，分辨出“不是我弄破的”是真话。根据小豆说的“不是小浩弄破的”是真话，识别出“不是我弄破的”就是假话。验证，小力说“不是我弄破的”是真话，“也不是小豆弄破的”是假话。很容易分辨得出结果：玻璃窗是小豆弄破的。

本题领悟重点：推理技巧。本题的目标是训练小朋友通过识别事物的外在条件、现象或者行为，寻找出解决问题的切入点进行“排他”。本题小浩说的“不是我弄破的，我也不知道谁弄的”这句话与其他两人明显不同，肯定是应选的切入点。有了切入点，脑力聚焦就不难识别出“不知道谁弄的”是假的。

逻辑的核心在于逻辑性，逻辑性的重点在于：思考问题有步骤 + 这个步骤有方向 + 这个方向有方法。每个人都有自己的思维习惯，不同的思维习惯有不同的思维“步骤 + 方向 + 方法”，构成不同的思维路径——思路。

要注意：“逻辑思路”是思考问题的思维规则，每个人都可以有独立的思路，但思路要吻合“逻辑思路”，才能够发挥出最大“价值”，如同思维的小舟在脑海“顺流而下”，肯定比“逆水行舟”更有效率。

如果思考同一个问题，思路的思维“步骤 + 方向 + 方法”与标准的“逻辑思路”差距太大，就会出错。比如，小升初、中考或高考，考官出题的思路一定遵循标准的“逻辑思路”，如果考生解题的思路与出题者的思路出现偏差，体现出来就是解题有困难，乃至答案有偏差。

实战题

题 1：用套路解题 ★

用套路解题的关键：准确理解题意，熟练使用公式。越早培养孩子学会用“假定”越好，这对启蒙空间思维能力大有帮助。假定小豆做错了 M 题，由于小豆做了 42 题，没做 8 题，总共得 112 分，112=（42 – M）×4 – 8 – 4×M，不难求出 M=6。答案：D。

题 2：用思路解题 ★★★★★★

步骤 1，表达指令重点在“理解”。方向：给出的题目。方法：理解题意，识别出解题核心点。研究“求知”，明确需要找出解题的核心点是“损失 34 分的原因”。提示：建立解题目标准确，解题过程的思维运作才会顺畅。

步骤 2，推理指令重点在“选择”。方向：聚焦已知。方法：选择出关联性最强的解题切入点。为了找出关联性，对标“损失 34 分的原因”这个核心点，自然会针对“损失”，选择“不答扣 1 分，答错扣 4 分”作为解题切入点（外因）。

步骤 3，观察指令重点在“分辨”。方向：聚焦切入点。方法：分辨切入点特征，建立解题纽带。观察侧重“分辨”，脑力顺着“不答扣 1 分，答错扣 4 分”向前延伸：“扣 1 分，扣 4 分”会造成什么结果呢？这样就有机会分辨出：做错一题损失 8 分，少做一题损失 5 分。马上得出关联特征：损失 34 分 =8× 做错的数量 + 5× 没做的数量，这是解题纽带。

步骤 4，分析指令重点在“对比”。方向：聚焦纽带。方法：对比、计算或匹配，求出核心点。分析侧重“对比”，怎样对比？对比纽带里的数字“8 和 5”，脑力延伸，能够组成“34”的可能性只有一个，那就是“做错 3 题，没做 2 题”：34=3×8 + 2×5。这是解题核心点（内因）。

步骤 5，判断指令重点在“认定”。方向：外因和内因。方法：复核思维过程，确认依据准确。50 道题，小邓同学做对了 45 题，做错 3 题，没做 2 题。答案：A。

本题领悟重点：步骤 3，观察环节。本题《钥匙》团队把解题“钥匙”隐藏在“损失的 34 分”里，本题设定目标要准确锁定在损失 34 分的原因上。如果注意力放在“怎样取得 166 分”上，解题会有困难。这是《钥匙》每一题在步骤 1 都向学员演绎如何设定解题“核心点”的原因。

在观察环节，脑力必须从“切入点”向前延伸至“损失一题究竟损失多少分”，这样才能分辨出“做错一题损失 8 分，少做一题损失 5 分”。当面对“34=8× 做错的数量 +5× 没做的数量”时，脑力要锁定在纽带上，才有机会去思考：“纽带里的数字 8 和 5，怎样才能构成 34 呢？”

本题考验逻辑思路的精准运用。逻辑思路是思维规则，思考问题的思路吻合逻辑思路，脑力思维运动才能“顺理成章 + 无往不利”。逻辑思路承担两大功能，一是引导脑力“寻找”事物之间的逻辑关系，二是引导脑力“构建”事物之间的逻辑关系。

题外话 怎样设定解题核心点？

先回顾逻辑思路的特征：如果思考问题时遇到多元、叠加的复杂问题，前组“思路”的结果将成为后组“思路”的材料或目标，脑力开启新一轮“步骤 + 指令”的操作。这里说的前组思路的“结果”，对应的就是“解题核心点”，这个“结果（核心点）”将成为后组“思路”的目标。

所以学子读书学习，特别是面对高要求的考试，“准确理解题意 + 准确设定解题核心点”是成功解题的首要环节。那么，怎样找出解题核心点呢？不难：（1）完全读懂题目的每个细节，重点放在“已知什么 + 求知什么”上；（2）再从“求知”里面，找出需要知道什么，就能进行“求知”。

比如本组题，“准确理解题意 + 准确设定解题核心点”就是设法找出损失 34 分的原因为核心点。正是这个“核心点”成为后组“思路”的目标，在推理环节才会选择“扣 1 分，扣 4 分”作为“切入点”。

挑战题 小豆的存款 ★★★★★★

小力说，学好数学必须熟识数字之间的关联性，并举了一个例子：小豆有存款 PNMT 元，小力有存款 TPA6 元，两人加起来是 AMTP 元，不同的字母代表 1—9（6 除外）的不同数字。问：小豆的存款是多少元？

实战题 酒精浓度 ★★★★

1. 假定“1 克酒精 =1 克水 =1 毫升”，A 瓶酒精浓度 50%，B 瓶酒精浓度 90%，C 瓶里面装有 20 毫升纯水。如果用 A、B 在 C 瓶里调配出浓度为 65% 的酒精 120 毫升。问：B 瓶酒精需要多少毫升？

A. 50　　B. 60　　C. 70　　D. 80

2. 假定“1 克酒精 =1 克水 =1 毫升”，有 A、B 两瓶酒精，C 瓶装有 50 毫升纯水。当向 C 瓶注入 A、B 各 50 毫升，C 的浓度是 50%，再添加 50 毫升的 A，C 的浓度变成 60%。问：B 的浓度是百分之多少？

A. 50　　B. 60　　C. 70　　D. 80

逻辑提升你的“思维能力”。

每组“难”题，都让你熟识一组解决复杂问题的思维模型。

《钥匙》的题目是按锻造“顶级思维竞争力”的目标进行设计的，经历 50 组复杂问题的锤炼，将拥有解决复杂问题的硬实力，直接效果是建立解决复杂问题的“自信”。

解题

挑战题

小豆的存款 ★★★★★★

步骤 1，表达指令重点在“理解”。方向：给出的题目。方法：理解题意，识别出解题核心点。预设解题核心点是：找出“字母与数字的对应关系”。提示：每一题不仅有线索可寻，而且塑造一组思路。

步骤 2，推理指令重点在“选择”。方向：聚焦已知。方法：选择出关联性最强的解题切入点。为了找出关联性，把数字合成“AMTP=PNMT + TPA6”，这个组合，是应选的解题切入点（外因）。

步骤 3，观察指令重点在“分辨”。方向：聚焦切入点。方法：分辨切入点特征，建立解题纽带。观察侧重“分辨”，“指令”引导分辨特征，脑力顺着“AMTP=PNMT + TPA6”向前延伸：当“T + 6 > 10”时，P + 10=T + 6；当“T + 6 < 10”时，P=T + 6。分辨出的这两个特征是解题的纽带。

步骤 4，分析指令重点在“对比”。方向：聚焦纽带。方法：对比、计算或匹配，求出核心点。分析侧重“对比”。首先对比“P + 10=T + 6”，得出“P + 4=T”，因为千位数的 A 来自“P + T”，也变成 A 来自“2 × P + 4”，因为 A ≤ 9，所以 P 只能是“1”或“2”。如果 P=1，百位数的“N + P < 10”没有“逢 10 进 1”，那么“A=2 × P + 4=6”，A 与题目中已有的“6”发生重叠，不符合题意。如果 P=2，“P + 4=6=T”，T 与“6”发生重叠，也不符合题意。由此得出 P 的唯一性：P=T + 6。

现在对比“P=T + 6”，千位数 A 来自“P + T”变成来自“2 × T + 6”，因为 A ≤ 9，得出唯一性是“T=1，P=7”。如此就有 8 ≤ A ≤ 9，对比出“A=8 或者 A=9”，这是解题的核心点（内因）。

步骤 5，判断指令重点在“认定”。方向：外因和内因。方法：复核思维过程，确认依据准确。针对“二选一”，通常用判断流程。（1）假如“A=8”，根据“T=1”，十位数必然是 T + 10=M + A，求出 M=3，由于“P=7”，百位数“M=N + P + 1，3=N + 7 + 1，得出 N= - 5”，“A=8”不成立。（2）假如“A=9，T=1，P=7”，根据“T + 10=M + A”以及“M=N + P + 1”，分别求出 M=2，N=4。答案：小豆的存款是“PNMT=7421”元。

第 39 周

本题领悟重点：步骤3，观察环节。本题不要求小朋友能够“做出来”，但要求小朋友能够“看明白”，小朋友能够“清晰＋透彻”领悟解题过程中的思维路径，思维能力、数理水平定有提升。

本题难在分析环节，重点是对比两条纽带“P＋10=T＋6”“P=T＋6”中哪一条才具有“唯一性”，这需要学员对“数字之间关联性”具有比较强的认知，以及“脑力善于延伸”的想象力，本题能够有效启发学员的创造性思维能力。

实战题

题1：用套路解题 ★

用套路解题的关键：准确理解题意，熟练使用公式。已知“1克酒精=1克水=1毫升”，浓度为65%的酒精120毫升，含有的纯酒精质量是120×65%=78克，建立出78=A瓶体积×50%＋B瓶体积×90%，得出78=（120－20－B瓶体积）×50%＋B瓶体积×90%，求出：B瓶体积=70毫升。答案：C。

题2：用思路解题 ★★★

步骤1，表达指令重点在“理解”。方向：给出的题目。方法：理解题意，识别出解题核心点。预设解题核心点是：找出“A或者B的浓度”。假设A瓶的酒精浓度是A，B瓶的酒精浓度是B。

步骤2，推理指令重点在“选择”。方向：聚焦已知。方法：选择出关联性最强的解题切入点。为了找出关联性，把“向C瓶注入A、B各50毫升，C浓度是50%”与“再添加50毫升的A，C的浓度变成60%”结合起来，作为应选的解题切入点（外因）。

步骤3，观察指令重点在“分辨”。方向：聚焦切入点，方法：分辨切入点特征，建立解题纽带。观察侧重“分辨”，脑力聚焦在“C瓶注入A、B各50毫升，C的浓度是50%”，建立关系50×A＋50×B=50%×150，得出A＋B=1.5。现在脑力聚焦在“再添加50毫升的A，C的浓度变成60%”，建立出关系50×A＋（50×A＋50B）=60%×200，2A＋B=2.4。这是解题的纽带。

步骤4，分析指令重点在“对比”。方向：聚焦纽带。方法：对比、计算或匹配，求出核心点。分析侧重“对比”，根据纽带，求出：A=0.9，B=0.6。这是解题核心点（内因）。

步骤5，判断指令重点在“认定”。方向：外因和内因。方法：复核思维过程，确认依据准确。得出答案：A瓶酒精浓度是90%，B瓶酒精浓度是60%。答案：B。

本题领悟重点：题 1、题 2 解题过程。本组题目不复杂，出题意图是“测试 + 强化”对浓度的基本概念，以及浓度换算技巧。

读书希望弯道超车，通过延长学习时间往往“吃力不讨好”。汽车要弯道超车凭司机的驾驶能力，读书要弯道超车凭的是学习能力，“学习能力”的核心根源在于：是否拥有或者养成逻辑思维习惯。

《钥匙》题目的设计理念是暴露做题过程中思维习惯上存在的症结，然后通过详细的解题过程，发现自己“没有想到的手段”。这个过程，是打通思维闭塞节点的过程。

《钥匙》题目的设计指标，挑战题、实战题都需要带有强启发性，每组挑战题、实战题都有一定的思维难度，挑战题是按“建立逻辑思维模型”进行设计，实战题是按操练逻辑思维“步骤 + 指令”进行设计。

题外话 思路是有“公式”的

“路”的本质带有引导的含义，“思路”也有这个属性。学习的“思路”是有思维“定律、公式”的，“定律”是思维“步骤”，“公式”是思维“指令”，思维“定律、公式”引领脑力进行有序的运动。

世间本无路，人走多了，便成了路。同理，“思路”不是天生的，通过自我升华或者外界启蒙，日积月累 + 久习成性，掌握了逻辑思维的“定律 + 公式”，“思路”就产生了。“学习思路”直接影响“学习能力”，“学习思路”的强与弱，同步体现出“学习能力”的强与弱。

挑战题 怎样分钱最合理

★★★★★

小胡、小邓、小刘去钓鱼，小胡带了 3 个粽子作为干粮，小邓带了 2 个粽子，小刘忘了带。1 个粽子售价 9 元。后来他们三人把粽子平分吃了，小刘有事先走，留下 15 元。小胡、小邓不知道这 15 元该怎样分。这时小关路过，他了解情况后，提出的分配方案小胡、小邓两人都认同。如果你去分配，你的分配方案中，小邓能够拿多少元？

A. 3　　B. 6　　C. 9　　D. 12

实战题 饺子与馄饨

★★★★★

1. 小珺一分钟能包 27 只馄饨或 25 只饺子，小玲能包 26 只馄饨或 24 只饺子。今天团聚需要馄饨和饺子，她们合作 10 分钟每分钟包一种，最后两人包的馄饨总数比饺子多 20 只。问：下面那个选项匹配两人包的饺子总数？

A. 172　　B. 195　　C. 224　　D. 245

2. 小珺一分钟能包 27 只馄饨或 25 只饺子，小玲能包 26 只馄饨或 24 只饺子。今天团聚需要馄饨和饺子，她们各用 10 分钟每分钟包一种，最后小珺包的馄饨比小玲的馄饨少 20 只。问：下面那个选项匹配两人包的饺子总数？

A. 172　　B. 195　　C. 224　　D. 245

解题

挑战题

怎样分钱最合理 ★★★★★

步骤 1，表达指令重点在“理解”。方向：给出的题目。方法：理解题意，识别出解题核心点。预设解题核心点是：找出“小刘吃了谁的粽子”。提示：领悟和累积下面的思维模式，能够让你变得更聪明。

步骤 2，推理指令重点在“选择”。方向：聚焦已知。方法：选择出关联性最强的解题切入点。为了找出关联性，“小胡带了 3 个粽子作为干粮，小邓带了 2 个粽子，他们三人把粽子平分吃了”，结合起来含有明显的关联性，是应选的解题切入点（外因）。

步骤 3，观察指令重点在“分辨”。方向：聚焦切入点。方法：分辨切入点特征，建立解题纽带。观察侧重“分辨”，脑力聚焦在分辨“切入点”的关联性上，直观上无从入手，脑力延伸，创造出关联性：把每 1 个粽子分为 3 份，5 个共 15 份，每人吃 5 份。这个特征是解题的纽带。

步骤 4，分析指令重点在“对比”。方向：聚焦纽带。方法：对比、计算或匹配，求出核心点。分析侧重“对比”，直接可以看到，小胡有 9 份，多出 4 份，小邓有 6 份，多出 1 份，所以小刘吃的 5 份中，4 份来自小胡，1 份来自小邓，这是解题的核心点。

步骤 5，判断指令重点在“认定”。方向：外因和内因。方法：复核思维过程，确认依据准确。5 个粽子总价 45 元，分 15 份，一份 3 元，小刘吃 5 份留下 15 元合理。其中 4 份来自小胡，小胡 4 份应收 12 元，1 份来自小邓，小邓 1 份应收 3 元。小关的分配方案最公平。答案：A。

本题领悟重点：步骤 3，观察环节。本题解题关键在于“如何建立出关联性”。找不出直观的关联性，就要设法拓展出它们的关联性。比如，本题由于缺乏关联性，直观上很难分辨出特征，没办法就进行“脑力延伸”，没有共性就“制造共性”：把 1 个粽子分为 3 份。

本题的解题“钥匙”隐藏在“创造共性的能力”里，解决有关联的问题时，首先需要找出或者创造出共性。比如，在“妈妈的食物”那组题中，学员已经训练过“制造出共性，形成公分母”，如果当时对那组题目有坚持按要求“回顾”，能够领悟透彻，解本题的时候就能“大放异彩”。

“思路延伸和怎样延伸”是思维竞争力的“标志”，思路有“指令”引导思维进行“方向明确 + 方法具体”的脑力延伸，所以拥有“思路”，才具有针对性的“想象力 + 创造力”。小朋友看解题一定要看各个“步骤”的“方向 + 方法”，要把逻辑思维的“步骤 + 方向 + 方法”铭刻在脑海中。

实战题

题 1：用套路解题 ★

用套路解题的关键：准确理解题意，熟练使用公式。假定合作包馄饨的时间是“M”分钟，包饺子的时间就是“10 – M”分钟。得出：（27 + 26）× M –（25 + 24）×（10 – M）=20，求出 M=5，那么两人包的馄饨数量是 53 × 5=265 只，饺子数量是 49 × 5=245 只。答案：D。

题 2：用思路解题 ★★★★

步骤 1，表达指令重点在“理解”。方向：给出的题目。方法：理解题意，识别出解题核心点。研究“求知”，需要找出“各自包馄饨的时间”。假定包馄饨的时间小珺是“M”分钟，小玲是“N”分钟。理解题意后，准确建立目标，解题就成功了一大半。

步骤 2，推理指令重点在“选择”。方向：聚焦已知。方法：选择出关联性最强的解题切入点。推理侧重选择，发现“数量”带有关联性，“小珺包的馄饨比小玲的馄饨少 20 只”是应选的解题切入点（外因）。识别切入点正确，观察问题才“准确”。

步骤 3，观察指令重点在“分辨”。方向：聚焦切入点，方法：分辨切入点特征建立解题纽带。观察侧重“分辨”，根据已知，脑力顺着切入点建立关联性，小珺包馄饨的数量是 27 × M，小玲是 26 × N，分辨出关联性特征：26N – 27M=20。这是解题的纽带。

步骤 4，分析指令重点在“对比”。方向：聚焦纽带。方法：对比、计算或匹配，求出核心点。分析侧重“对比”，面对纽带“26N – 27M=20”怎么办？脑力向前延伸，因为既有饺子也有馄饨，所以 N ≠ 10，M ≠ 10，要让 26N、27M 尾数相减得出“0”，最简单就是交叉匹配：N=7，M=6。验证：26 × 7 – 27 × 6=182 – 162=20，刚刚好，得出“N=7、M=6”是解题的核心点（内因）。

步骤 5，判断指令重点在“认定”。方向：外因和内因。方法：复核思维过程，确认依据准确。有了核心点，两人饺子数量加起来是 25 × (10 − 6) + 24 × (10 − 7) =172 只。答案：A。

本题领悟重点：步骤 4，分析环节。《钥匙》的题目考验想象力，也培养想象力，《钥匙》题目的设计意图就是帮助学员“从不同的角度操练脑力的延伸”。比如本题，解题过程“考验 + 锤炼”学员的想象力，当面对纽带“26N − 27M=20”时，要有坚实的数理基础知识以及强大的思维延伸能力，才能匹配出结果。

理科好成绩来自强大的理解、选择、分辨、对比、认定能力，《钥匙》项目专注于操练这五大识别能力。如果希望优化识别能力，可以扫描本书的二维码登录小程序，小程序的“逻辑题”是专门为训练“正确之中选准确”而设计，是培养精准识别能力，锤炼思维的延伸能力而特别设计的“工具”，也是培养写作必备的“构建和组织逻辑关系”这个能力的“工具”。

恭喜你，第四阶段训练完成

花点时间，回顾一下每道题的思维特点及其思维的延伸方式。

归纳一下自己感受深刻的思维模型，这对形成正确的思维习惯帮助巨大。

两个星期后，尝试独立完整地重做这 10 组题，测试自己能够得多少颗★。

准备挑战第五阶段的学习和训练，加油！

第五阶段启蒙目标：形成思维习惯

第五阶段有 10 组题，小朋友按《钥匙》的计划做题，当进入这个阶段的时候，应该已经完全建立了属于自己的逻辑思维模型，并且在思考问题时，已经养成逻辑性的思维习惯，具有超越同龄的思维竞争力。

本阶段的题目富有挑战性，做题重点要放在充分体现逻辑思路的优势，验证自己的逻辑思维模型，建立起敢于面对任何难题的自信。

牢记和领悟思维的五个“秘诀”

掌握 “以规则的不变，应对问题的万变” 的思维能力

逻辑思维模型（思维习惯）

步骤 1 表达逻辑， 表达指令要求脑力重点放在“理解”。对外，通过展现依据，让别人理解你的结论。对内，方向：题目。方法：理解题意，领会“已知”，研究“求知”，预设出解题核心点（内因、内核）。

步骤 2 推理逻辑， 推理指令要求脑力重点放在“选择”。方向：聚焦已知要素。方法：针对已知的外部“条件、行为或者现象”，选择出或者组合出关联性最强的要素，作为应选的解题切入点（外因、显象）。

步骤 3 观察逻辑， 观察指令要求脑力重点放在“分辨”。方向：聚焦切入点。方法：分辨出切入点显性或隐性特征，或分辨出对切入点带有针对性补充的要素，确立出要点、公式、定律，作为解题的纽带。

步骤 1

步骤 2

步骤 3

步骤 4

步骤 5

步骤 4 分析逻辑， 分析指令要求脑力重点放在“对比”。方向：聚焦纽带。方法：通过对比、计算或匹配，求出体现事物内在“意图、本质或根源”的要素，这个要素是解题的核心点（内因、内核）。

步骤 5 判断逻辑， 判断指令要求脑力重点放在“认定”。方向：聚焦构成解题依据的切入点和核心点。方法：首先假定结论能够成立，如果支持结论的切入点和核心点无法否定，结论才能够肯定。

劝学逻辑　把握机会

世界大同，儿女辉煌始于足下；天地差异，父母睿智取舍之中

学员先独立做题，为了高效率、高质量提高自己的逻辑思维能力，看解题时严格遵守：逐一看解题步骤，每一个步骤“确认 + 修正”自己在这个步骤的结果，领悟自己考虑到的或者被疏忽的部分，再让“指令”引导下一个步骤的思维“方向 + 方法”。本阶段的重点：（1）验证自己对逻辑思维流程的融通程度；（2）体验自己对逻辑思维“指令”的应用技巧。

冲击《钥匙》的目标，加油

五个阶段的任何一个阶段，在十组题里面

独立解题得到 00—49 颗★，思维竞争力有望：前 50%。

独立解题得到 50—59 颗★，思维竞争力有望：前 40%。

独立解题得到 60—69 颗★，思维竞争力有望：前 30%。

独立解题得到 70—77 颗★，思维竞争力有望：前 20%。

独立解题得到 78—85 颗★，思维竞争力有望：前 10%。

独立解题得到 86—91 颗★，思维竞争力有望：前 5%。

独立解题得到 92—99 颗★，思维竞争力有望：前 1%。

一周一组，欲速不达，循序渐进，久习成性

争取在第五阶段回顾的时候，能够得到 92 颗★以上

《钥匙》团队鼓励边学边用、活学活用逻辑思维流程，越早在当前的学习当中应用逻辑思路，越早拥有思维“逻辑性 + 竞争力”。

挑战题 开机密码 ★★★★★

小力第一天去实习，他座位的电脑上贴有一组数：1、1/2、1、4、25、216、□□□□。很明显，这个□□□□是电脑的开机密码，小力他很快就打开电脑了。你也能够找出这个四位数是什么吗？

实战题 修车的时间 ★★★★★

1. 修理这辆车，师父完成一半工作量，徒弟接手 8 小时可以完成；如果师徒二人共同修理 4 小时，徒弟再干 4 小时也可以完成。现在师徒二人共同修理这辆车 3 小时后，师父下班，由徒弟继续工作。问：徒弟继续工作多少小时可以完成？

A. 5　　B. 6　　C. 7　　D. 8

2. 修理这辆车，师父完成一半工作量，徒弟接手 8 小时可以完成；如果徒弟先干 7 小时，师徒二人再合作 3 小时也可以完成。徒弟修理 6 小时后下班，师父接手发现出了错，需要返工 2 小时。问：师父接手后需要多少小时可以完成？

A. 5　　B. 6　　C. 7　　D. 8

第41周

逻辑是思考问题的“导航仪”。

《钥匙》的每一题，都能帮助你开发出一条解决问题的思维路径。

做题看解题要“一个步骤 + 一番思考”，还要争取“一番思考 + 一组领悟”，既然辛辛苦苦努力做题，就要扎扎实实有所收获，一组题目一组灵感，积微成著，启蒙效果必然十分显著。

★表示思维难度，难度越高，★越多。

解题

挑战题

开机密码 ★★★★★

步骤 1，表达指令重点在“理解”。方向：给出的题目。方法：理解题意，识别出解题核心点：预设解题核心点是：找出“数的变化规律”。所谓的难题不是难在“有没有学过”，而是难在“有没有思路”。

步骤 2，推理指令重点在“选择”。方向：聚焦已知。方法：选择出关联性最强的解题切入点。为了找出关联性，6 个数里面，识别出隐藏的有关联性的数是 4、25、216，这是应选的解题切入点（外因）。

步骤 3，观察指令重点在“分辨”。方向：聚焦切入点，方法：分辨切入点特征，建立解题纽带。观察侧重“分辨”，“指令”要求找关联特征，脑力顺着“4，25，216”向前延伸至：4 是 4 的 1 次方或者是 2 的 2 次方，25 是 5 的 2 次方，216 是 6 的 3 次方，现在结合 5 的 2 次方和 6 的 3 次方，4 应该是 4 的 1 次方。这个特征是解题纽带。

步骤 4，分析指令重点在“对比”。方向：聚焦纽带。方法：对比、计算或匹配，求出核心点。分析侧重“对比”，脑力锁定在“对比”纽带 ➡ 从 6、5、4 延伸至 3、2、1，“次方”数也从 3、2、1 延伸至 0、–1、–2。由此对比出前三个数 1、1/2、1 分别是：1 来自 3 的 0 次方，1/2 来自 2 的 –1 次方，1 来自 1 的 –2 次方。这个规律是解题核心点（内因）。

步骤 5，判断指令重点在“认定”。方向：外因和内因。方法：复核思维过程，确认依据准确。根据内因，6 后面对应的数字是 7，□□□□是 7 的四次方，得出：$7\times7\times7\times7=2401$。答案：2401。

本题领悟重点：步骤 2，推理环节。本题把解题“钥匙”隐藏在 4、25、216 这三个数里，如果恪守推理指令，设法寻找关联性，就不难发现“4、25、216”带有关联的特征指向。

小朋友能够选择 4、25、216 作为解题的切入点，在观察环节就容易分辨出特征。如果解不了题，通常是困在 4 是 2 的 2 次方里，这样就很难往下分辨出 4、25、216 一脉相承的共性关系。本题看上去很无解，但如果推理能力强，从 4、25、216 入手，就有机会解题。

本题的设计意图是：（1）让小朋友"绞尽脑汁"尝试解题，让思路经历"烈火锤炼"。（2）看解题"一个步骤 + 一番思考"，当出现"恍然大悟"后，这无疑是成功启发一次"脑力延伸"（想象力）。

实战题

题 1：用套路解题 ★

用套路解题的关键：准确理解题意，熟练使用公式。根据：一半工作量徒弟 8 小时可以完成，总工作量相当于是徒弟工作 16 小时的总量，"两师徒共同修理 4 小时，徒弟再干 4 小时也可以完成"，师父工作 4 小时，等同徒弟 8 小时，师父的工作效率相对于徒弟是（16 – 8）/4=2 倍。"两师徒共同修理这辆车 3 小时"，等于徒弟：6 + 3=9 小时工作量，徒弟需要继续工作 16 – 9=5 小时。答案：A。

题 2：用思路解题 ★★★★

步骤 1，表达指令重点在"理解"。方向：给出的题目。方法：理解题意，识别出解题核心点。脑力聚焦在"返工 2 小时"向前延伸➡要找出"徒弟的有效工作时间"作为解题核心点。

步骤 2，推理指令重点在"选择"。方向：聚焦已知。方法：选择出关联性最强的解题切入点。为了找出关联性，该把："师父完成一半工作量，徒弟接手 8 小时可以完成""徒弟先干 7 小时，师徒二人再合作 3 小时也可以完成"结合起来作为解题的切入点（外因）。

步骤 3，观察指令重点在"分辨"。方向：聚焦切入点。方法：分辨切入点特征建立解题纽带。观察侧重"分辨"，脑力聚焦在"切入点"向前延伸➡慢慢就能分辨出：总工作量相当于徒弟工作 16 小时的总量，师父的工作效率相当于徒弟的（16 – 10）/3=2 倍，这是解题纽带。

步骤 4，分析指令重点在"对比"。方向：聚焦纽带。方法：对比、计算或匹配，求出核心点。分析侧重"对比"，根据"徒弟修理 6 小时后下班，师父接手发现出了错，需要返工 2 小时"向前延伸至：师父返工 2 小时 = 徒弟白干 4 小时，"徒弟的有效工作时间"是 2 小时。这是解题核心点（内因）。

步骤 5，判断指令重点在"认定"。方向：外因和内因。方法：复核思维过程，确认依据准确。师父的工作时间 =（16 – 徒弟工作 2 小时）/2=7 小时。师父接手后需要 7 个小时可以完成。答案：C。

本题领悟重点：步骤 1，表达环节。本题没有思维上的难度，成功解题需要的是“缜密 + 细心 + 自信”。在表达环节能确立“徒弟的有效工作时间”作为核心点，解题就成功了一半。

如果熟识指令的引导功能，本题解题过程十分流畅，一气呵成。面对“思路题”的时候，小朋友需要应用逻辑思路的“步骤 + 指令”作为引导，才容易顺利解题并培养逻辑思路，每遵循“步骤 + 指令”引导解题一次，逻辑思维能力就“启蒙 + 强大”一分。

本阶段是第五阶段，学员朋友肯定已经掌握逻辑思维流程的思维“步骤 + 指令”，说明逻辑思路已经成型。做题过程要有自信，要尝试坚持独立解题，遇到困难无非是由于思维延伸技巧不娴熟，不代表不能延伸。要有毅力，要坚信自己的能力，每成功突破一次，思维竞争力就提升一个台阶。加油！

题外话　怎样培养毅力？

毅力，是靠意志去支撑的精神力量，毅力不是天生的，任何人无论毅力的大小强弱，都是后天形成的。毅力的特征是“我坚持，我就可以”。毅力可以培养，也需要培养，可以通过运动去培养毅力，不过，运动过程需要遵循三要素“源动力 + 自对比 + 目标性”的同步执行。

“源动力”是动力是来自内心的要求，不是来自对兴趣的追求。“自对比”是运动过程不需要通过外界（如：比赛）去获取力量支撑，靠自己的意志达到预定目标。“目标性”是要制定出心中要达到的固定目标，如计时、计量等，如果没有固定目标，培养的就不是毅力，而是蛮力。

挑战题 旅游地点 ★★★★

爸爸妈妈育有四个孩子，爸妈决定这个假期去旅游，有六个地方可选择，分别是苏州、大连、昆明、桂林、肇庆、三亚。四个孩子在议论：

老大说：“苏州或大连有机会。”老二说：“大连或昆明有机会。”

老三说：“桂林或三亚有机会。”老四说：“我认为大连没机会。”

四个孩子只有一人说得对。你知道他们这个假期的旅游地点吗？

实战题 小邓卖桃 ★★★★★★

1. 小豆卖桃，如果卖 1 个桃子送 1 个李子，最后只剩 9 个桃子，如果小邓卖掉 40 个桃子和 2/3 的李子后，它们的总数剩 29 个。问：桃子、李子的总数是多少个？

A. 66　　B. 77　　C. 88　　D. 99

2，小豆桃子数量是 AB，李子数量是 BA，A、B 代表 1—9 的不同数字。小豆卖掉 16 个桃子和 2/3 的李子后，它们的总数剩下 29 个。问：桃子、李子的总数是多少个？

A. 66　　B. 77　　C. 88　　D. 99

逻辑“指令”带有强烈的提醒功能：

在这个步骤需要思考什么，在这个步骤需要怎样思考。

比如解题前，阅读题意侧重“理解”是通过“求知”建立解题目标；解题过程，阅读题意侧重“分辨 + 对比”是通过对“已知”进行多个“角度”的发掘和延伸，角度正确了，解题的灵光一闪就来了。

第 42 周

解题

挑战题

旅游地点 ★★★★

步骤 1，表达指令重点在“理解”。方向：给出的题目。方法：理解题意，识别出解题核心点。根据“求知”的引导，延伸出需要找出解题的核心点是：“唯一性的地点”。每一题不仅启发一种思维方法，而且端正一次思维习惯。

步骤 2，推理指令重点在“选择”。方向：聚焦已知。方法：选择出关联性最强的解题切入点。为了找出关联性，应选四个孩子的议论作为解题切入点（外因）。

步骤 3，观察指令重点在“分辨”。方向：聚焦切入点。方法：分辨切入点特征，建立解题纽带。观察侧重“分辨”，由于老大说苏州或大连有机会，老二说大连或昆明有机会，两个人说“大连”，已知“只有一个人说得对”，那么“大连”就肯定没机会。这是解题的纽带。

步骤 4，分析指令重点在“对比”。方向：聚焦纽带。方法：对比、计算或匹配，求出核心点。分析侧重“对比”，老三说桂林或三亚有机会，现在被提及一次的地方有苏州、昆明、桂林、三亚，对比的重点在于老四说大连没机会，对比老四的“言下之意”，老四是说苏州、昆明、桂林、三亚、肇庆都有机会，这是解题的核心点（内因）。

步骤 5，判断指令重点在“认定”。方向：外因和内因。方法：复核思维过程，确认依据准确。根据“四个孩子只有一人说得对”，把重复的去掉：（苏州、昆明、桂林、三亚、肇庆）-（苏州、昆明、桂林、三亚）= 肇庆，认定的旅游地点就是肇庆。

本题领悟重点：步骤 4，分析环节。团队出本题的目的是让学员既要关注已知条件的显性部分，也要发掘隐性部分。比如，分析环节的关键是要理解出“老四的言下之意”，要从“除了大连”这里延伸出“除了大连，其他五个地方都有机会”，由此才能排除重复部分。

本题目的已知条件是互为纽带关系，可以尝试用“观察指令”，通过分辨四个孩子谈话的特征，建立相互关联的纽带去解题。

实战题

题 1：用套路解题 ★

用套路解题的关键：准确理解题意，熟练使用公式。假定桃子有 A 个，李子有 B 个，根据“卖 1 个桃子送 1 个李子，最后只剩 9 个桃子”，有：A－B=9。因为“卖掉 40 个桃子和 2/3 的李子后，它们总数剩 29 个”，有：（A－40）＋（B－B×2/3）=29。得出：A=54，B=45，桃子、李子的总数是 99 个。答案：D。

题 2：用思路解题 ★★★★★

步骤 1，表达指令重点在“理解”。方向：给出的题目。方法：理解题意，识别出解题核心点。预设解题核心点是：建立“A、B 与数字之间的关系”。领悟下面的思维模式能够让思路有所突破。

步骤 2，推理指令重点在“选择”。方向：聚焦已知。方法：选择出关联性最强的解题切入点。为了找出关联性，“卖掉 16 个桃子和 2/3 的李子后，它们总数剩下 29 个”这个组合关联性大，是应选的解题切入点（外因）。识别切入点正确，观察问题才“准确”。

步骤 3，观察指令重点在“分辨”。方向：聚焦切入点。方法：分辨切入点特征建立解题纽带。观察侧重“分辨”，根据切入点，脑力集中在分辨切入点的关联性，马上就可以建立（AB－16）＋BA×（1－2/3）=29，简化成 3AB＋BA=135。这是解题的纽带。

步骤 4，分析指令重点在“对比”。方向：聚焦纽带。方法：对比、计算或匹配，求出核心点。分析侧重“对比”，注意力锁定纽带“3AB＋BA=135”向前延伸 ➡ 怎样才能产生“135”呢？发现如果 A ≥ 4，必定出现“3AB＋BA ＞ 135”，这样不合理。通过对比马上得出 A ≤ 3，A 只能是 3、2 或 1。同时，通过对比“3AB＋BA=135”里面“135”的尾数“5”，也得出“5”是来自“3×B 的尾数＋A”。这两组“A、B 与数字之间的关系”是解题的核心点（内因）。

步骤 5，判断指令重点在“认定”。方向：外因和内因。方法：复核思维过程，确认依据准确。因为“A”只能是 3、2 或 1，“三选一”，适合采用判断流程去求出答案。

（1）假定 A=3，“3×B”的尾数是“5－A=2”，“2”唯一来自当“B=4，3×4=12”的尾数，得出：AB 是 34，BA 是 43。验证：3×34＋43 ≠ 135。否定。

（2）假定 A=2，“3×B”的尾数是：“5－A=3”，“3”唯一来自当“B=1，3×1=3”的尾数，得出：AB 是 21，BA 是 12。验证：3×21＋12 ≠ 135。否定。

（3）假定 A=1，“3×B”的尾数是“5－A=4”，“4”唯一来自当“B=8，3×8=24”的尾数，得出：AB 是 18，BA 是 81。验证：3×18＋81=135。认定：桃子、李子总数是 99 个。答案：D。

本题领悟重点：步骤 4，分析环节。本题告诫一个认知：题目不是无法解，只是没有想到如何解。比如，当面对“3×AB＋BA=135”时，脑力需要延伸到：A≤3，“5”是来自“3×B 的尾数＋A”，才能解题。本题解题过程的思路富有启发性，请回顾并领悟怎样才能产生这种想法。

本题操练识别逻辑关系。“寻找逻辑关系”侧重研究已知，形成有逻辑关系的依据，达到完成求知，这是数学思维特征；“构建逻辑关系”侧重发掘要素，形成有逻辑关系的依据，支持观点成立，这是写作思维特征。注意：两者虽然出发点和意图不同，但“形成逻辑关系”的过程相同。

题外话 要培养孩子对问题的“亲和力”

要重视培养孩子对问题的“亲和力”，孩子要有“不怕复杂问题”的心理，要竖立“敢于面对复杂问题”的信心。如果孩子对复杂问题缺乏“亲和力”，必然产生对复杂问题的“畏惧感”。

怎样培养孩子对问题的“亲和力”呢？首先要培养孩子对解决复杂问题的自信，自信来自能力，来自成功，这些自信、能力和成功可以通过《钥匙》的 50 组训练题进行培养和获得。孩子有了自信就有敢于冲击复杂难题的信心，有信心就有荣誉感，荣誉感能够带出“亲和力”。《钥匙》是培养孩子对问题“亲和力”的工具。

挑战题 相互帮忙 ★★★★★

一家四口的密码各有关联。如果有人忘记密码了，其他三人通过下面的三组密码，能很快算出忘记的密码。你能破译“蓝甲”的密码吗？

蓝甲：__________　　蓝乙：6D3YR2P4T

红甲：2E93Y5AD6　　红乙：W6RT8P47E

实战题 两艘船与两个灯塔 ★★★★★

1\. 大小两船匀速行驶经过两座灯塔，大船经过第二座灯塔时，小船刚好进入第一座灯塔，3 小时后，两船同时到达离第二座灯塔 60 千米外的港口。已知大船用 45 分钟经过两座灯塔，那么小船需要用多少分钟呢？

A. 20　　B. 24　　C. 30　　D. 36

2\. 大小两船匀速行驶经过两座灯塔，大船用了 9 小时小船用了 6 小时。大船经过第二座灯塔时，小船刚好进入第一座灯塔，后来小船比大船早 1 小时到达离第二座灯塔 70 千米的港口。问：两座灯塔的距离是多少千米？

A. 20　　B. 24　　C. 30　　D. 36

完成五个“步骤”的解题之后，

要“验证”或者“修正”自己的思路，重点在于领悟思维的“步骤 + 方向 + 方法”。

《钥匙》团队鼓励学员：边学边用，活学活用。越早“熟练掌握 + 懂得应用”逻辑思路，越早拥有思维“逻辑性 + 竞争力”。

第43周

解题

挑战题

相互帮忙 ★★★★★

步骤 1，表达指令重点在“理解”。方向：给出的题目。方法：理解题意，识别出解题核心点：预设解题核心点是：找出“字母与数字的关系”。领悟和积累下面的思维模式，能开阔想象力。

步骤 2，推理指令重点在“选择”。方向：聚焦已知。方法：选择出关联性最强的解题切入点。为了找出关联性，红组数据完整，应选“红组数据”作为解题切入点（外因）。

步骤 3，观察指令重点在“分辨”。方向：聚焦切入点。方法：分辨切入点特征建立解题纽带。观察侧重“分辨”，脑力聚焦在切入点不难发现：红甲“5 个数字 + 4 个字母”，红乙“4 个数字 + 5 个字母”，两组字符的数字和字母出现位置“交替对换”。下一步该怎么办呢？

脑力坚定地顺着“2 E 9 3 Y 5 A D 6、W 6 R T 8 P 4 7 E”向前延伸至：数字与字母是否相互对应呢？分辨出数字与字母相互间的对应关系：“E 对应 6，6 对应 E”，这个特征是解题纽带。

步骤 4，分析指令重点在“对比”。方向：聚焦纽带。方法：对比、计算或匹配，求出核心点。分析侧重“对比”，利用纽带，匹配出数字与字母的对应关系：2 – W、6 – E、9 – R、3 – T、8 – Y、5 – P、4 – A、7 – D。这个字母与数字的对应关系，是“表达流程”需要的解题核心点。

步骤 5，判断指令重点在“认定”。方向：外因和内因。方法：复核思维过程，确认依据准确。根据“内核”：2 – W、6 – E、9 – R、3 – T、8 – Y、5 – P、4 – A、7 – D。通过以“蓝乙：6 D 3 Y R 2 P 4 T”作为参照物，得出蓝甲的密码是 E 7 T 8 9 W 5 A 3。

本题领悟重点：步骤 3，观察环节。解题过程考验思维的延伸能力。当脑力聚焦在“分辨切入点的关联特征”时，只要注意力集中，通过数字和字母的交替排列，就有机会发现字母与数字存在对应特征：“E 对应 6，6 对应 E”。

遇到没见过的题型不用紧张，任何问题采用逻辑思维流程按“步骤 + 指令”，都有机会迎刃而解。《钥匙》题目的设计是为了打通思维闭塞的枢纽，题目有一定的思维深度，才能够“先暴露，后端正”小朋友思维习惯存在的“短板”，“短板”消除，思路就自然顺畅。本题同步“考验＋训练”小朋友思考过程的个性控制：思维的“缜密＋耐性＋自信”。

实战题

题 1：用套路解题★★

用套路解题的关键：准确理解题意，熟练使用公式。因为大船的速度是 60/3=20 千米 / 时，两座灯塔的距离是 0.75×20=15 千米，求出小船的速度是（60＋15）/3=25 千米 / 时，小船经过两座灯塔要用的时间是 15/25=0.6 小时，也就是 36 分钟。答案：D。

题 2：用思路解题 ★★★

步骤 1，表达指令重点在“理解”。方向：给出的题目。方法：理解题意，识别出解题核心点。预设解题核心点是：需要建立“灯塔距离与船速度之间的关系”。假定大船的速度是 A，小船的速度是 B。越早培养学会用“假定”越好，这对启蒙空间思维能力大有帮助。

步骤 2，推理指令重点在“选择”。方向：聚焦已知。方法：选择出关联性最强的解题切入点。为了找出关联性，识别出“经过两座灯塔，大船用了 9 小时，小船用了 6 小时”。这个组合可以形成关联性，是解题的切入点（外因）。

步骤 3，观察指令重点在“分辨”。方向：聚焦切入点，方法：分辨切入点特征，建立解题纽带。观察侧重“分辨”，脑力锁定切入点，不难分辨出：灯塔距离 =9×A=6×B。这是解题的纽带。

步骤 4，分析指令重点在“对比”。方向：聚焦纽带。方法：对比、计算或匹配，求出核心点。分析侧重“对比”，不难得出：小船到达港口时间 =（70＋灯塔距离）/B，大船到达港口时间 =70/A。脑力从“小船比大船早 1 小时到达”得出：（70＋灯塔距离）/B=（70/A）－1。现在通过对比纽带，由 B=3×A/2，（70＋灯塔距离）/（3×A/2）=（70－A）/A，得出“灯塔距离与船速度之间的关系”是 2×灯塔距离＋3A=70，这是解题的核心点（内因）。

步骤 5，判断指令重点在“认定”。方向：外因和内因。方法：复核思维过程，确认依据准确。因为灯塔距离 =9A，3A=1/3×灯塔距离，（2＋1/3）×灯塔距离 =70，所以灯塔距离为 30 千米。答案：C。

本题领悟重点：步骤4，分析环节。学员有信心才会动脑筋，这样就不难发现：3A=1/3×灯塔距离。本题考验学员思维的缜密性。

掌握思维“步骤+指令”，等于掌握解决问题的“思维定律和公式”，运用这些“思维定律和公式”的深度、广度、精准度如何，决定了小朋友逻辑思维能力（逻辑思路）的强与弱。

积累解题套路如同“积谷”可以“防饥”，建立解题思路方能“有备”才能“无患”。团队的指导思想是让学员“先以观念带动行为，再以行为养成习惯”，通过“操练+领悟”启蒙出正确的思维习惯。

题外话 什么是领导力？

“领导力”是一种组合能力，由五个方面（必备要素）组合而成，分别是主动性、服从力、荣誉感、责任感和有魄力。审核孩子是否具有领导力的潜质，这五个方面缺一则疏。

简单来说，主动是自觉的行动，“主动性”体现出来是具有“自觉行动”的观念。服从是守规则，听指挥，可以通过“执行态度”体现出来。荣誉是社会给出的“尊荣+名誉”，“荣誉感”是对“争取胜利、争取成功”的态度。责任是针对分内应该做的事情，“责任感”是对完成任务的态度，责任感强，完成任务的决心就强。“有魄力”是什么？是面对问题、解决问题的“意志+能力”，魄力是领导力的发源地，一个人有魄力，在团队里才会有向心力、凝聚力。

挑战题 你怎样安排？ ★★★★

1. 搞活动要从 A、B、C、D、E 五个同学中安排人去采办物品，已知：

（1）如果 A 去，B 也会去，（2）B、C 两人需要去一人，

（3）C、D 或者都去，或者都不去，（4）D、E 两人至少去一人，

（5）如果 E 去，A、D 都会去。

问：如果由你负责，你会怎样安排人手？

2. 门口三位数的密码锁上贴有一串字符：“CAB：二十一十二二二二十一”。很明显，这暗示了开门密码，你能破解这组密码吗？（提示：“一”可以作为数字“1”，也可以作为减号“－”。“二”可以作为数字“2”，也可以作为等号“=”，“十”可以作为数字“10”，也可以作为加号“＋”）

实战题 运动场兜圈 ★★★★★★

1. 电动车 A 和自行车 B 在运动场兜圈，如果在同一地点同向出发，每 2 分钟电动车会超越自行车 1 次；如果在同一个地点异向出发，那么每 1 分钟它们会相遇 2 次。问：10 分钟自行车能兜多少圈？

2. 电动车 A 和自行车 B 在运动场兜圈，A 比 B 快，如果在同一地点异向出发，1 分钟两车在中途会相遇 2 次；如果在同一地点同向出发，两车 6 分钟会在出发地相遇。问：10 分钟自行车能兜多少圈？

逻辑让你拥有解决问题的“钥匙”。

每道难题，都有机会让你从“百思不解”之中收获一组“思维秘钥”。

《钥匙》设计的题重点不是为了教数学，而是培养逻辑思维能力。解题过程中经常需要“脑力延伸”，这个延伸过程既发挥想象力，也培养想象力。

解题

挑战题

题 1 ★★

步骤 1，表达指令重点在“理解”。方向：题目。方法：通过理解题意，已知条件是互为制约关系，最适合用判断指令，通过假定核心点（内因），去解决问题最有效。

步骤 2，判断指令重点在“认定”。方向：已知的制约关系。方法：先假定出一个核心点，检查结论是否成立，如果得出的结论无法否定，才能肯定假定的核心点正确。

根据“（2）B、C 两人需要去一人”，首先假定核心点：B 去 C 不去。因为有“（3）C、D 或者都去，或者都不去”，所以 C 不去 =D 不去。由于“（4）D、E 两人至少去一人”，D 不去 =E 去。但已知“（5）如果 E 去，A、D 都会去”，出现矛盾，假定 B 去不成立。

再来假定核心点：C 去 B 不去。因为“（3）C、D 或者都去，或者都不去”，C 去 =D 去，与其他已知条件都不冲突，假定 C 去成立。结果：C、D 两人去最合适。

题 2 ★★

步骤 1，表达指令重点在“理解”。方向：面对题目。方法：通过理解题意，已知条件是互为纽带关系，解题最适合用观察指令，通过分辨已知的关联性分辨出特征。

步骤 2，观察指令重点在“分辨”。方向：关联性。方法：分辨事物的关联特征，或分辨出对事物关联性带有补充的要素，确认出公式、要点或定律，形成解题纽带。

（1）从“CAB”得到暗示：密码三位数字的大小排列位置。在思考“二十一十二二二十二十一”时，可以发现三个“二二二”之间缺乏“十”，中间的“二”肯定是等于号“=”，由此分辨出这组密码的基本意图：等于号“=”左右的两部分要相等。（2）左边字符“二十一十二”有三种可能：2 + 1 + 2=5，2 + 12=14，21 + 2=23。右边字符“二十二十一”也有三种可能：2 + 2 + 1=5，22 + 1=23，2 + 21=23，前后相等的两组数是 5 和 23，看 CAB，C 独立，AB 连读，AB 应该代表 23，C 代表 5。密码是：CAB=523。

本组题领悟重点：敢于想象。解决现实生活问题不像数学解题能够用公式，大多数事情是需要应用逻辑去进行排他。题 1 是加深使用判断逻辑排他的技巧，题 2 在前面有所提及，在这里用观察逻辑完整演绎解题的思路。

实战题

题 1：用套路解题 ★★

用套路解题的关键：准确理解题意，熟练使用公式。假定电动车的速度是 A，自行车速度是 B，就有同向：2 分钟 ×（A－B）=1 圈；异向：1 分钟 ×（A＋B）=2 圈。得出：A=1.25 圈 / 分钟，B=0.75 圈 / 分钟，10 分钟自行车能兜 10×0.75=7.5 圈。

题 2：用思路解题 ★★★★

步骤 1，表达指令重点在“理解”。方向：给出的题目。方法：理解题意，识别出解题核心点。预设解题核心点是：要找出电动车 A 和自行车 B 的速度。假定 A 每分钟的速度是 A，B 的速度是 B。

步骤 2，推理指令重点在“选择”。方向：聚焦已知。方法：选择出关联性最强的解题切入点。为了建立关联性，将“异向出发 1 分钟两车在中途会相遇 2 次”“同向出发 6 分钟会在出发地相遇”组合起来，这个组合是应选的解题切入点（外因）。识别切入点正确，观察问题才准确。

步骤 3，观察指令重点在“分辨”。方向：聚焦切入点。方法：分辨切入点特征建立解题纽带。观察侧重“分辨”，脑力根据“异向出发 1 分钟两车在中途会相遇 2 次”延伸至：这代表什么呢？不难发现 1 分钟：电动车走的距离＋自行车走的距离 =2 圈，分辨出：A＋B=2 圈。脑力再根据“异向出发 6 分钟两车在出发地相遇”向前延伸至：“在出发地相遇”代表什么呢？慢慢思考就能分辨出：在出发地相遇，代表两车 6 分钟都走了“整数圈”。这两个特征是解题的纽带。

步骤 4，分析指令重点在“对比”。方向：聚焦纽带。方法：对比、计算或匹配，求出核心点。分析侧重“对比”，已知“电动车 A 要比自行车 B 快”，针对纽带 1 分钟“A＋B=2 圈”，两车每分钟速度是（1）$1<A<2$，$0<B<1$。再根据“6 分钟两车都走了整数圈”，有（2）6×A、6×B 都是整数。结合（1）和（2），对比出：6 分钟时能够同时出现整数的只有一种可能：A=1.5，B=0.5。这是解题的核心点（内因）。

步骤 5，判断指令重点在“认定”。方向：外因和内因。方法：复核思维过程，确认依据准确。得出答案：10 分钟自行车 B 能兜：10×0.5=5.0 圈。

本题领悟重点：步骤 3，步骤 4。针对“6 分钟两车会在出发地相遇”，那么“出发地相遇”代表什么呢？就能分辨出“都走了整数圈”，当形成 6×A、6×B 后，结合已知“A + B=2”和“1 < A < 2，0 < B < 1”，就不难匹配出“A、B 的结尾必然是 0.5”，6×A 和 6×B 才会同时出现整数，题可解。

本题的解题“钥匙”，隐藏于“6 分钟两车相遇”里，目的是“考验 + 训练”想象力和应变能力。如果题目是“2 分钟两车会在出发地相遇”，解题十分容易，为什么会这样呢？因为思考“2 分钟”是熟识的套路思维，思考“6 分钟”侧重考验思路思维，如果“思路”弱，稍微遇到些许变化题就难解。

这些解题办法是个人天生就会的吗？不是，这些解题办法或能力仅来自升华或启蒙，升华凭个人的“悟性”，启蒙凭有效的“工具”，这些“工具”还需要具备“暴露 + 消除”思维过程“短板”的功能，《钥匙》作为一款“工具”，是通过“一个步骤 + 一番思考”，建立起这些解题办法。

题外话 老天公平吗？

老天公平，是因为人的大脑构造基本相同；老天也不公平，是因为人获得的机会各不相同。比如，获得逻辑启蒙的机会就各有不同。如果别人获得逻辑启蒙而自家孩子没有，结果是别人懂得用“思路”去思考，自家孩子只能用“套路”去对接。虽然孩子刻苦学习，但思维竞争力的“力”确实需要“思路”作为发力点，如果缺乏“思路”这个发力点，想发力也是无源可发。

挑战题 你知道吗？ ★★★★★

有 24 张扑克牌，老师分给小琪、小豆、小力每人 1 张，剩余的摆在桌面：红桃 A、10、5、9。黑桃 K、7、4、2、8、10。草花 Q、6、10、9、3。方块 J、8、3、7、10、6。

老师说："小琪的牌数字最大，小豆最小，你们看牌后，能够知道其他两位同学拿的是什么牌吗？"小琪、小豆、小力三人思考了一下，然后他们都说知道。现在轮到你了，你没有看到牌，肯定会难一点。问：你知道小力拿的是什么牌吗？

实战题 合租车去郊游 ★★★★★

1. 同学们合租车郊游，来了一辆限乘 30 人的客车，车费是人数的 10 倍，由于超员，有 16 名同学退出，剩余同学车费每人增加了 8 元。问：剩余多少名同学参加郊游？

A. 18　　B. 20　　C. 22　　D. 25

2. 同学们合租车郊游，来了一辆限乘 30 人的客车，车上男同学比女同学多 16 名，后来增加了 5 名女同学，车费每人减少了 7 元。问：共有多少名同学参加郊游？

A. 18　　B. 20　　C. 22　　D. 25

解题

挑战题

你知道吗？★★★★★

步骤1，表达指令重点在“理解”。方向：给出的题目。方法：理解题意，识别出解题核心点。预设解题核心点是：需要找出“牌包含的隐性规律（共性）”。领悟和累积下面的思维模式，能够让你变得更加聪明。

步骤2，推理指令重点在“选择”。方向：聚焦已知。方法：选择出关联性最强的解题切入点。通过四组牌“显性”的数字，目前很难找出关联性，怎么办？脑力延伸再延伸，发现还有一个选择是“隐性”的颜色，也许颜色带有关联性，应选颜色作为解题切入点（外因）。

步骤3，观察指令重点在“分辨”。方向：聚焦切入点。方法：分辨切入点特征建立解题纽带。观察侧重“分辨”，脑力聚焦在“颜色”，怎么办？脑力顺着“颜色”向前延伸至：如果把相同颜色的牌归类，会出现什么结果呢？把黑色的“黑桃＋草花”归一组，黑组数字关联起来是“2、3、4、6、7、8、9、10、10”，黑组数字中间缺“5”。红色的“红桃＋方块”归一组，红组数字关联起来是“3、5、6、7、8、9、10、10”，红组数字中间缺“2、4”。这两个特征，是解题的纽带。

步骤4，分析指令重点在“对比”。方向：聚焦纽带。方法：对比、计算或匹配，求出核心点。分析侧重“对比”，已知24张扑克牌分4份，黑桃、方块都是6张牌，代表草花、红桃也应该是6张牌，这样才能产生出“共性”。根据共性对比纽带得出：现在草花是5张牌，黑组里缺的“5”是草花；红桃是4张牌，红组里缺的“2、4”都是红桃。这是解题的核心点（内因）。

步骤5，判断指令重点在“认定”。方向：外因和内因。方法：复核思维过程，确认依据准确。认定3张牌是“草花5”“红桃2”“红桃4”，由于小琪的牌数字最大，小琪的牌是“草花5”，小豆的牌数字最小，是“红桃2”。答案：小力的牌是“红桃4”。

本题领悟重点：步骤2，推理环节。本题把解题“钥匙”隐藏在“颜色”里，“考验＋训练”小朋友识别事物共性的能力，当扑克牌的“显性数字”无法分辨特征时，坚定不移遵循指令引导，脑力延伸再延伸，这样才有机会识别出“共性与个性”，选择出最有价值的切入点——“隐性颜色”，题可解。

遇到“难题”，要先审核思考问题的“步骤”，再针对“指令”引导的“方向”，采用对应的“方法”进行脑力延伸，充分发挥逻辑思路“规范＋引导”脑力运动的优势，让逻辑思路成为思维能力的“放大器”。

实战题

题 1：用套路解题 ★

用套路解题的关键：准确理解题意，熟练使用公式。假定原来人数是 A，租车费是 10×A 元，原来每人分摊 10×A/A=10 元。减少 16 名同学，剩余同学的车费每人增加 8 元，这样就有：16×10=8×（A－16），得出 A=36，剩余郊游的同学有：36－16=20 名。答案：B。

题 2：用思路解题 ★★★★

步骤 1，表达指令重点在“理解”。方向：给出的题目。方法：理解题意，识别出解题核心点。研究“求知”，明确需要找出解题的核心点是“原来同学的数量”。假设原来同学的数量是 M，原来每人的车费是 N。领悟下面的思维模式能够让思路清晰。

步骤 2，推理指令重点在“选择”。方向：聚焦已知。方法：选择出关联性最强的解题切入点。为了找出关联性，识别出“增加了 5 名同学，车费每人减少了 7 元”，这个条件隐藏关联性，是应选的解题切入点（外因）。

步骤 3，观察指令重点在“分辨”。方向：聚焦切入点。方法：分辨切入点特征建立解题纽带。观察侧重“分辨”，脑力聚焦在切入点向前延伸至：“增加了 5 名同学”与“车费每人少了 7 元”有什么关联性呢？分辨出：“减少的总车费＝新来同学支付的总车费”，产生出关联性特征 7×M=5×（N－7），简化成 5N=7M＋35。这是解题纽带。

步骤 4，分析指令重点在“对比”。方向：聚焦纽带。方法：对比、计算或匹配，求出核心点。分析侧重对比，面对纽带 5N=7M＋35，怎么办？注意到因为有 5N 的限制，M 必须是 5 的整倍数，再去理解题意，由于“男同学比女同学多 16 名”和“限乘 30 人”，考虑到 1 个司机，得出 15＜M＜25，唯一的可能性是 M=20，这是解题核心点（内因）。

步骤 5，判断指令重点在“认定”。方向：外因和内因。方法：复核思维过程，确认依据准确。参加郊游的同学总数是 20＋5=25 名。答案：D。

本题领悟重点：步骤 4，分析环节。本题的解题“钥匙”，隐藏在“根据已知，识别未知的能力”里。本题建立纽带 5N=7M＋35 不难，关键是要根据已知条件，“对比、匹配”出符合条件的结果，这种“慎思＋精细”，在现实工作里是医生、律师必备的工作能力。

解不了题时可能会怀疑题目错误，这其实是“缺乏发掘已知条件”的能力，《钥匙》设计的每组题目，重点都放在能否有效激活逻辑思维能力，能否“开发＋活跃”思维空间和识别能力，提高解决复杂问题的自信心上。多回顾匹配出 M=20 的思路。

题外话 为什么说启蒙>天赋？

家长能够看见的是“谁家的孩子成绩好”，家长很少知道的是“谁家的孩子怎样启蒙”。幼小阶段是长智慧的“窗口期”，选择的“起跑线”，肯定是帮助小朋友树立正确的“思维模型（思维习惯）”，思维习惯是思维能力的根源，“逻辑启蒙”是一劳永逸的根本决策。

小朋友有点小聪明通常被认为有“天赋”，但读书学习需要的是“逻辑思维能力”，这种能力不是天生的，必须经历外界的启蒙或者小朋友的自我升华，所以《钥匙》说：启蒙>天赋。

不妨去思考一下：如果小时候有机会接受《钥匙》的逻辑训练，现在会怎样？如果我家孩子现在接受《钥匙》的逻辑训练，孩子将来的思维竞争力又会变成什么样？

挑战题 化学实验

★★★

老师说，“CN”和“CNS”这两种物质很神奇，它们外观相同，如果（a）CN和CN在高温混合仍然是CN，（b）CN和CNS在高温混合首先都会成为CNS，（c）CNS和CNS在高温混合，最后都会生成CN。

现在10个瓶子中，5个装有CN和5个装有CNS，做化学实验前，老师问：“如果随意拿两个样品高温混合，生成概率最高的是CN还是CNS？”

实战题 金银巧克力

★★★★★★★

1. 如果小琪从瓶子里每次同时拿出4粒金巧克力和5粒银巧克力，瓶子里剩余3粒都是银巧克力；如果每次同时拿出2粒金巧克力和银巧克力，剩余也都是银巧克力，剩余的数量刚好与拿出的次数相同。问：瓶子里巧克力总数是多少粒？

A. 27　　B. 30　　C. 35　　D. 38

2. 如果小琪每次从瓶子里同时拿出3粒金巧克力和5粒银巧克力，瓶子里剩余3粒都是银巧克力；如果每次同时拿出2粒金巧克力和2粒银巧克力，小琪发现剩余银巧克力的数量要比金巧克力的数量多11粒。问：瓶子里巧克力总数是多少粒？

A. 27　　B. 30　　C. 35　　D. 38

创作团队善意提醒：

现在疏于补脑，将来忙于补习。

遇到“难题”，要先审核思考问题的“步骤”，再针对“指令”引导的“方向”，审核思维延伸的“方法”，只要“不懈＋信心”，就有机会成功。

解题

挑战题

化学实验 ★★★

也许有人这样思考，如果首先拿出来的样品是 CN，剩余 9 个样品里有 4 个是 CN，5 个是 CNS。那么第二次拿样品时，CN 的概率是 4/9，CNS 的概率是 5/9，CN + CNS 高温混合生成 CNS 的概率是 5/9。如果首先拿出来的样品是 CNS，剩余 9 个样品里有 5 个是 CN，4 个是 CNS。那么第二次拿样品时，CN 的概率是 5/9，CNS 的概率是 4/9，CN + CNS 高温混合生成 CNS 的概率也是 5/9。答案是：生成概率最高的是 CNS。

上述的解题过程严谨，思维方式正确，那么在这个分辨过程，分辨出的答案准确吗？看看下面依照逻辑思维“步骤 + 指令”的解题结果。

步骤 1，表达指令重点在“理解”。方向：面对题目。方法：通过理解题意，已知条件是互为纽带关系，解题最适合用观察指令，通过分辨已知的关联性分辨出特征。

步骤 2，观察指令重点在“分辨”。方向：关联性。方法：分辨事物的关联特征，或分辨出对事物关联性带有补充的要素，确认出公式、要点或定律，形成解题纽带。

理解题意，先斟酌“求知”，再研究“已知”，发现切入点是：（c）CNS 和 CNS 在高温混合，最后会生成 CN 。分辨切入点的关联性，分辨出“CNS 在高温会生成 CN”这个特征，得出正确答案：生成概率最高的是 CN。

本题领悟重点：准确理解题意。本题的设计目的是告诫学员解决任何问题，不要急于解题，首先要准确理解题意，理解题意不单纯是明白题目的内容，更重要的斟酌“求知”，然后准确识别出已知条件相互之间的“关联性”。理解题意的“秘诀”是：先斟酌求知，再研究已知。

《钥匙》不嫌啰唆，详细演绎五个思维步骤的解题，目的就是让学员循序渐进、久习成性，给大脑规范出一个正确的逻辑思维流程（思路）。

实战题

题 1：用套路解题 ★★

用套路解题的关键：准确理解题意。假如拿 4 粒金巧克力的次数是 M，拿 2 粒金巧克力的次数就是 $(2 \times M)$。拿 4 粒时，巧克力总数量 =4M（金）+5M（银）+3（银），拿 2 粒时，巧克力总数量 =2×2M（金）+2×2M（银）+2M（银），计算出：M=3，金巧克力：4×3=12 粒，银巧克力：5×3+3=18 粒，瓶子里的巧克力总数是 30 粒。答案：B。

题 2：用思路解题 ★★★★★

步骤 1，表达指令重点在“理解”。方向：给出的题目。方法：理解题意，识别出解题核心点。预设解题核心点是：要找出“两次拿巧克力的次数关系”，设定拿“3 粒金巧克力和 5 粒银巧克力”是 M 次，拿“2 粒”是 N 次。提示：领悟和累积下面的思维模式能够变得更加聪明。

步骤 2，推理指令重点在“选择”。方向：聚焦已知。方法：选择出关联性最强的解题切入点。为了找出关联性，发现“剩余的银巧克力数量要比金巧克力数量多 11 粒”，里面包含明显的关联性，作为应选的解题切入点（外因）。

步骤 3，观察指令重点在“分辨”。方向：聚焦切入点。方法：分辨切入点特征建立解题纽带。观察侧重“分辨”，注意力集中在“剩余的银巧克力比金巧克力多 11 粒”向前延伸至：“多 11 粒”，代表什么意思呢？带着疑问再次领悟题意，从拿巧克力的方式和结果发现，当拿 M 次时，“3+5”粒是双数，剩余“3”粒是单数，分辨出巧克力总数是“单数”。

由于“每次拿 2 粒”，剩余的金巧克力数量肯定少于 2，再根据“单数”的概念，从“剩余的银巧克力比金巧克力多 11 粒”延伸出金≠1，否则总数是“双数”。得出唯一结果是金 =0。由此分辨出“拿 2 粒金巧克力”的次数是 N=3M/2，这个特征，是解题纽带。

步骤 4，分析指令重点在“对比”。方向：聚焦纽带。方法：对比、计算或匹配，求出核心点。分析侧重“对比”，拿 M 次时巧克力总数是：3M（金）+5M（银）+3（银）=8M+3。拿 N 次时巧克力总数是：2N（金）+2N（银）+11（银）=4N+11，综合出：2M=N+2，已知纽带是 N=3M/2，马上求出 M=4，这是解题核心点（内因）。

步骤 5，判断指令重点在“认定”。方向：外因和内因。方法：复核思维过程，确认依据准确。得出金巧克力：4×3=12 粒，银巧克力：4×5+3=23 粒。瓶子里共有 35 粒巧克力。答案：C。

第 46 周

本题领悟重点：步骤 3，观察环节。解题遇到困难不要气馁，“难”就要尝试换个角度去看看，或尝试换个方式去想想，要牢记：通常将已知条件再向前延伸一点点，就能成功解题。这种执着不服输的精神，就是学霸的学习底气，也是学霸的“学习霸气”。

本题的解题“钥匙”隐藏在“单数”里，解题过程“考验 + 锤炼”小朋友观察问题的能力和思维习惯。要知道按逻辑思维流程解题的过程就是端正“思维习惯”的过程，“端正”的重点在于思考问题的思维“步骤 + 方向 + 方法”，以及思考问题过程的“缜密 + 耐性 + 自信”。

总结一下：为什么能，或者为什么不能找到“单数”这把解题钥匙？

题外话 怎样提高观察力？

经常听说要提高小朋友的观察力。那么观察力究竟是什么呢？怎样才能提高观察力呢？观察侧重“分辨”，有关联才有分辨，观察是针对事物的关联部分，分辨里面隐藏的特征，并以此为基础，建立起承上启下的纽带。《钥匙》的每一题都注重提高小朋友的观察力。

日常生活里，好奇心对启发小朋友的观察力很有帮助，家长可以通过引导小朋友对事物产生好奇，提高小朋友的观察力。比如，问小朋友：建筑工地的吊塔是怎样升高的呢？

挑战题 究竟赚了多少钱？ ★★★★★

小珺和小力合资买了一块端砚原石，拿去加工后出售赚了钱，小玲知道后，问小珺："你们赚了多少钱？"小珺说："如果你算得出来，就请你吃大餐。"

小珺说："原石总成本是 NBYM 元，卖了 KBNM 元，我分得 BKMY 元，小力分得比我多，他分得 NBMY 元，每个字母代表 1—9 的一个数字，不重叠。"你能帮小玲求出他们究竟赚了多少钱吗？

实战题 小力的加班费 ★★★★★

1. 公司员工每周都加一次班，加班费是按日历号数乘 50 元发放，比如 11 号加班，加班费是 550 元。这个月小力加了五次班，首次加班是周六，小力领了 100 元，后面的四次也都是周六加班。你能够算出这个月小力可以拿多少元加班费吗？

A. 3350　　B. 3600　　C. 3750　　D. 4000

2. 公司员工每周都加一次班，加班费是按日历号数乘 50 元发放，比如 11 号加班，加班费是 550 元。小力本月加了五次班，首次加班是周六，小力领了 100 元，后面周二两次，周三、周四各一次。你能够算出这个月小力可以拿多少元加班费吗？

A. 3350　　B. 3600　　C. 3750　　D. 4000

逻辑让你变得更有智慧。

有"指令"引导思维"方向 + 方法"，思考问题如有"指路明灯"。

眼前的学习成绩是"眼前"的，长远的思维能力才是"永恒"的，所谓学习潜力，"潜"在不可见的逻辑思维能力。学习成绩"弱"用何物"补"？如果希望一劳永逸，肯定是补思路。

解题

挑战题

究竟赚了多少钱？★★★★★

步骤 1，表达指令重点在“理解”。方向：给出的题目。方法：理解题意，识别出解题核心点。预设解题核心点是：找出“字母与数字的对应关系”。题目“难解”不代表“无解”，关键是否具备解题思路。

步骤 2，推理指令重点在“选择”。方向：聚焦已知。方法：选择出关联性最强的解题切入点。为了找出关联性，应把“KBNM=BKMY + NBMY”组合作为解题切入点（外因）。

步骤 3，观察指令重点在“分辨”。方向：聚焦切入点。方法：分辨切入点特征建立解题纽带。观察侧重“分辨”，怎么分辨呢？注意力集中三组数字向前延伸可发现：（1）M 来自（Y + Y），M 是双数；（2）百位上的 B 来自（K + B），（K + B）肯定＞10，K 肯定 =9，十位上的（M + M）也必须＞10，这样才能保证（K + B）的尾数是 B，根据 M 是双数和 2M ＞ 10，得出 M=6 或 8，Y ＜ 5，N=2 或 6。这些特征，是解题的纽带。

步骤 4，分析指令重点在“对比”。方向：聚焦纽带。方法：对比、计算或匹配，求出核心点。分析侧重“对比”，怎样对比呢？根据千位上的 K=9 来自（B + N），根据“小力分得比我多”得出 N ＞ B，因为 K=9，因此 B 不可能是 1 或者 0，所以在“N=2 或 6”之中，必须选择 N=6，由于 B 不能是 4 或者 5，否则出现五位数，最后 B 的选择只有 2 或 3。如果 B=3，百位上的（K + B）＞ 10，造成千位上（B + N）＞ 10，产生万位数不合理，由此只能 B=2。回顾当 N=6 时，对应的 M=8，也自然产生 Y=4。这些“字母与数字的对应关系”是解题核心点（内因）。

步骤 5，判断指令重点在“认定”。方向：外因和内因。方法：复核思维过程，确认依据准确。根据 K=9，N=6，B=2，M=8，Y=4，最后得出的结果是：总成本 NBYM 元是 6248 元，卖出 KBNM 元是 9268 元，小力分得 NBMY 元是 6284 元，小珺分得 BKMY 元是 2984 元，他们总共赚了 9268 – 6248=3020 元。

本题领悟重点：步骤 3，步骤 4。步骤 3 侧重“找特征”，步骤 4 侧重“对比 + 匹配”。本题“考验 + 操练”学员对“数字与数字之间关系”的认知，很明显，解题只是数字的加加减减，但脑力必须有足够的延伸能力或想象力，解题过程“体现＋训练”学员的逻辑推理、观察和分析能力。

《钥匙》设计的题目有点思维难度，是让学员在做题的过程，暴露出思维习惯上存在的短板，这样小朋友在探索解题的过程中，才有兴趣去关注“没有想到的手段”。这个过程就是同步打通思维闭塞节点的过程。提议学员要经常回顾和领悟整个思维历程。

挑战题

题 1：用套路解题 ★★

用套路解题的关键：准确理解题意，熟练使用公式。五次加班都是周六，首次 100 元代表是 2 号，后面四次分别是 9 号、16 号、23 号和 30 号，加班费是（9＋16＋23＋30）×50＋100=4000 元。答案：D。

题 2：用思路解题 ★★★

步骤 1，表达指令重点在“理解”。方向：给出的题目。方法：理解题意，识别出解题核心点。预设解题核心点是：找出“加班日历号数”的总和。提示：理解题意正确目标准确是成功解题的第一步。

步骤 2，推理指令重点在“选择”。方向：聚焦已知。方法：选择出关联性最强的解题切入点。为了找出关联性，识别出“首次加班是周六，小力领了 100 元”含有关联性，是应选的解题切入点（外因）。

步骤 3，观察指令重点在“分辨”。方向：聚焦切入点。方法：分辨切入点特征建立解题纽带。观察侧重“分辨”，不难分辨出“周六是 2 号”，这个特征是解题的纽带。

步骤 4，分析指令重点在“对比”。方向：聚焦纽带。方法：对比、计算或匹配，求出核心点。分析侧重“对比”，怎样对比呢？“指令”要求对比纽带，脑力顺着“周六是 2 号”向前延伸：对比出四个周日分别是 3 号、10 号、17 号、24 号，数字加起来是“54”。现在从周日开始计算每周加班日历号数，其中“两次是周二”需要加“4”，“一次是周三”需要加“3”，“一次是周四”需要加“4”，总共加起来是“65”，这个“加班日历号数”的总和是解题的核心点（内因）。

步骤 5，判断指令重点在“认定”。方向：外因和内因。方法：复核思维过程，确认依据准确。小力这个月的加班费是：65×50＋100=3350 元。答案：A。

本题领悟重点：步骤 4，分析环节。本题的解题“钥匙”隐藏在“星期”带有的特征里，解题有困难，通常是因为纠结在那些“周二、周三、周四”究竟是发生在哪一个星期里面呢?

“星期”的特征是“重复循环”，只需要把“四个周日的日历号汇总”后，四个加班日就分别在其中的一个星期里面，剩余“周几”直接数字相加，与发生在哪一个星期无关。提醒：第五个周日已经是 31 号。

本题缺乏“延伸”能力解题不易，学员做完题后要对比题 1 与题 2 的思维特点。重点是：思考、领悟每次解题能否有效延伸的原因，这个过程，就是“暴露 + 消除”思维短板的过程。

《钥匙》团队鼓励学员边学边用，活学活用。
越早“熟练掌握 + 懂得应用”逻辑思路，越早拥有思维“逻辑性 + 竞争力”

题外话 “亡羊”该用何物“补牢”？

“亡羊”固然需要“补牢”，关键在于选择什么东西去“补”。羊圈破了，用枝杆补，渔网穿了，用渔线补，屋顶漏水，用瓦片补，学习成绩有差距，要怎么补？如果增加补习课程，那是补“套路”；如果目标放在提升思维能力，那是补“思路”。如果让你选，你会怎样选?

《钥匙》启蒙逻辑是通过端正原有思路里面有偏差的思维“步骤 + 指令”，端正思维步骤容易，端正思维“指令”需要有“标准思路”作为引导的工具，更需要用时间去“领悟”。

挑战题 D组吃什么菜？

★★★★

旅游团有 A、B、C、D 四个组，午餐时间来到食街，食街有东街、南街、西街、北街，分别有四家餐馆，一家粤菜，一家湘菜，一家沪菜，一家川菜。A、B、C、D 四个组分别去四家餐馆就餐。已知：A 组去东街，粤菜在北街，C 组去南街，B 组吃湘菜，A 组没吃川菜。问：D 组吃什么菜？

实战题 4只小猴

★★★★★★

1. 饲养员按从大到小给 A、B、C、D 4 只猴子分糖果，A 的糖果是其他 3 只总和的一半，B 也是其他 3 只总和的一半，C 是其他 3 只总和的 1/3，如果糖果总共有 180 粒，那么 D 得到的糖果数是多少粒呢？

A. 12　　B. 14　　C. 15　　D. 16

2. 有一群猴子在玩耍，有 4 只猴妈妈分别带着 4 只小猴，4 只小猴的出生时间都相隔一年。4 只小猴的年龄相乘刚好等于 4 只猴妈妈年龄相加，都是 120。那么，你能够算出 4 只小猴年龄加起来是多少吗？

A. 12　　B. 14　　C. 15　　D. 16

逻辑让你思考问题有“节奏”。

《钥匙》帮你建立起逻辑思维步骤，这是思维竞争力的“基本功”。

每个人出现短板的情况、程度、时机都不同，感觉《钥匙》题目“难”，是因为《钥匙》的题目正在帮助你修正思维过程中出现的“短板”。

解题

挑战题

D 组吃什么菜？★★★★

步骤 1，表达指令重点在“理解”。方向：题目。方法：通过理解题意，已知条件是互为对等关系，最适合用推理指令识别“对等关系”的关联性，选择出解题切入点。

步骤 2，推理指令重点在“选择”。方向：对等关系。方法：针对已知对等的“条件、现象或行为”，选择出与解题关联性最强的显性或隐性要素，作为解题的“切入点”。

以“A 组去东街”和“A 组没吃川菜”这个带有关联性的条件作为切入点，能够发现：东街不是川菜。由于已知“B 组吃湘菜”和“粤菜在北街”，就有：A 组去东街吃的是沪菜。

排除了 A 组，再根据“C 组去南街”+“B 组吃湘菜”+“粤菜在北街”，不难分辨出：D 组肯定去了北街吃粤菜。

本题领悟重点：推理技巧。当面对多元互为对等关系的要素时，依照“推理思路”去解决问题是明智的选择，“推理”要求把脑力的重点，放在建立或者寻找已知要素之间的关联性方面。在现实生活中，掌握“推理思路”很有用，所有科研、创新的开拓性项目，起步点都来自推理的“切入点”。

经常听家长讲：孩子读书成绩不好，是学习不够用功。现实中每一个班都有十分努力学习的小朋友，但不见得“学习用功 = 成绩优异”。为什么呢？因为读书不是砍柴，单靠蛮力、时间无效，要有底层基础，即思考问题的能力，具体来讲，就是有没有“学习思路”。

学习思路体现在思考问题的五个思维“步骤 + 方向 + 方法”，如果小朋友在不同的思维步骤里懂得准确使用对应的思维“方向 + 方法”去解决问题，就具备了学习思路。

实战题

题 1：用套路解题 ★★

用套路解题的关键：准确理解题意，熟练使用公式。假定 A、B、C、D 4 只猴子分得的糖果是 A、B、C、D。就有 180=A＋B＋C＋D。根据“A 的糖果是其他 3 只总和的一半”，得出：A=（B+C+D）/2，根据“B 也是其他 3 只总和的一半”，得出 B=（A+C+D）/2，根据“C 是其他 3 只总和的 1/3”，得出 C=（A+B+D）/3。

列出四种关系：180=A＋B＋C＋D，2×A=B＋C＋D，2×B=A＋C＋D，3×C=A＋B＋D。可以得出：A=60，B=60，C=45，D=15，D 得到的糖果数是 15 粒。答案：C。

题 2：用思路解题 ★★★★

步骤 1，表达指令重点在“理解”。方向：给出的题目。方法：理解题意，识别出解题核心点：很明显，解题的核心点是：“找出 4 只小猴的年龄”。提示：领悟和累积下面的思维模式能够让你变得更加聪明。

步骤 2，推理指令重点在“选择”。方向：聚焦已知。方法：选择出关联性最强的解题切入点。为了找出关联性，识别出应选“4 只小猴的年龄相乘是 120”这个条件作为解题切入点（外因）。识别切入点“正确”，观察问题才“准确”。

步骤 3，观察指令重点在“分辨”。方向：聚焦切入点。方法：分辨切入点特征建立解题纽带。观察侧重“分辨”，“指令”引导，注意力锁定在分辨“120”上，怎样分辨呢？脑力顺着“4 只小猴的年龄相乘是 120”向前延伸至：4 个什么数字相乘可以得出 120 呢？对 120 进行拆分：120/2=60，60/2=30，30/2=15，15/3=5，马上分辨出 2×2×2×3×5=120 这个特征是解题的纽带。

步骤 4，分析指令重点在“对比”。方向：聚焦在纽带。方法：对比、计算或者匹配，求出内因。分析侧重“对比”，根据“小猴的出生时间都相隔一年”，对比纽带 2×2×2×3×5=120，其中 2，3 和 5 不变，另外的“2×2=4”，排列出 4 只小猴的年龄分别是 2、3、4、5，这是解题的核心点（内因）。

步骤 5，判断指令重点在“认定”。方向：外因和内因。方法：复核思维过程，确认依据准确。认定：四只小猴的年龄相加是 14。答案：B。

本题领悟重点：步骤 3，观察环节。《钥匙》强调：在解题没有头绪时，要“懂得＋习惯”思维延伸，这不仅是一种解决问题的“思维技巧”，也是“创造性思维”的基础。

第 48 周

比如，本题的解题“钥匙”隐藏在“120”里，在观察环节脑力必须进行延伸，这样才有机会进入思考：尝试把 120 拆到最小。本题目如果能够独立从“4 只小猴的年龄相乘是 120”这个条件，拆分出 4 个组合，说明观察能力、分析能力已经十分出色。

很多时候事物的逻辑关系不明显，科学家、律师、医生大部分工作时间都在思考如何找出某个事物、问题的逻辑关联。寻找逻辑关系靠思维延伸的“角度＋维度”，《钥匙》的每组题都在操练这种“能力＋技巧”。比如本组题，请思考一下：我为什么能够，或者为什么不能够延伸出“把 120 拆到最小”呢？

题外话 一种认知塑造一种人

常言道：一方水土养育一方人，《钥匙》道：一种认知塑造一种人。

体现小朋友逻辑思维能力的是正确的思维习惯，正确的思维习惯依托“五大逻辑指令”发挥作用。既然知道逻辑指令有用，就要掌握它、拥有它。这就是一种认知塑造一种人。

逻辑指令如同武功的招式，今天掌握“指令”，无论昨天“内功”怎样，明天“指令”让你有“招式”把“内功”的潜力发挥出来。读书学习缺乏招式，只能靠勤能补拙，只能依赖笨鸟先飞。读书学习拥有招式，学习靠思路，竞争力自然强大，“以思维规则的不变，应对问题的万变”。

挑战题 跑车售价 ★★★★★

小力说：“学好数学必须熟识数字之间的属性，培养对数字的亲和力。”小力举了一个例子：出售两辆旧车，卡车是 NKMA 元，跑车是 MANT 元，两车加在一起是 ATK7 元。已知跑车比卡车贵，不同字母代表 1—9（7 除外）不同的数字，且不重叠。问：跑车的售价是多少元呢？

实战题 两个机组运算 ★★★★★

1. 有 A、B 两个机组做相同的数据运算，A 机组 30 小时完成的运算，B 机组要 70 小时，现在两机组在 26 小时整共同完成了这个运算，其间，两机组分别停机数小时。问：两机组停机时间加起来是多少小时？

A. 10　　B. 12　　C. 15　　D. 18

2. 有 A、B 两个机组做数据运算，A 机组原本 9 小时能够完成这个运算，后来 A、B 两机组在 9 小时整共同完成了这个运算，其间，两个机组同步停机数个小时。问：B 机组独立完成运算需要多少小时？

A. 10　　B. 12　　C. 15　　D. 18

逻辑提升你的思维能力。

每组“难”题都对应锤炼一组解决复杂问题的思维模型。

《钥匙》的题目是按锻造顶级思维竞争力进行设计的，经历 50 组复杂问题的锤炼，使拥有解决复杂问题的硬实力，直接效果是帮助建立解决复杂问题的“自信”。

解题

挑战题

跑车售价 ★★★★★

步骤 1，表达指令重点在“理解”。方向：给出的题目。方法：理解题意，识别出解题核心点。预设解题核心点是：找出“字母对应的数字”。题目“难解”不代表“无解”，关键是否拥有解题思路。

步骤 2，推理指令重点在“选择”。方向：聚焦已知。方法：选择出关联性最强的解题切入点。为了找出关联性，把三组字符组合成“NKMA + MANT=ATK7”，其中“A、K”都来自“N + M”，是应选的解题切入点（外因）。

步骤 3，观察指令重点在“分辨”。方向：聚焦切入点。方法：分辨切入点特征建立解题纽带。观察侧重“分辨”，为了分辨“A、K”的关联特征，顺着 A、K 都来自 N + M 向前延伸至分辨出 $A \neq K$：（1）如果“K > A”，那么“K=A + 1”；（2）如果“A > K”时，那么“A=K + 1”。

解题资源仍不够，怎么办？脑力顺着“NKMA + MANT=ATK7”继续向前延伸至“N + M < 10，$K \neq 0$”，分辨出百位数：（3）当“A + K < 10 时，T=A + K”；（4）当 A + K > 10 时，T + 10=A + K。这是解题纽带。

步骤 4，分析指令重点在“对比”。方向：聚焦在纽带。方法：对比、计算或者匹配，求出内因。分析侧重“对比”，首先，针对步骤的结果（1）当 K > A 时，K=A + 1，将（1）代入（3）有：$T=2 \times A + 1$，由于“7”来自个位数“$T + A=3 \times A + 1$”的尾数，得出唯一性 A=2，因为 $N \neq M$，由此千位数 A=2 不合理。现在把（1）代入（4）有：$T=2 \times A - 9$，由于“7”来自“$T + A=3 \times A - 9$”的尾数，A 无解，K > A 不成立。

其次，针对步骤的结果（2）当 A > K 时 A=K + 1，（2）代入（3）有 $T=2 \times A - 1$，由于“7”来自“$T + A=3 \times A - 1$”的尾数，得出唯一性 A=6，也得出：K=5，由于 A + K=11 不符合 A + K < 10。现在把（2）代入（4）有 $T=2 \times A - 11$，由于 7 来自 $T + A=3 \times A - 11$ 的尾数，得出唯一性 A=6，也得出 K=5，T=1，这是解题的核心点（内因）。

步骤 5，判断指令重点在“认定”。方向：外因和内因。方法：复核思维过程，确认依据准确。根据核心点 A=6，K=5，T=1，以及（4）里面的 A + K > 10，千位数 A=6=M + N + 1，得出 M + N=5，已知“跑车比卡车贵”，所以“M > N”，

第 49 周

$N \neq 1$（因为 T=1，数字不能重叠），最后得出 M=3，N=2。跑车价格“MANT”是 3621 元。

本题领悟重点：整个过程。本题不强调小朋友“做出来”，但要求小朋友“看明白”，小朋友能够“清晰＋透彻”领悟解题过程的思维路径，“想象力＋数理认知水平”会有大幅度提升。

实战题

题 1：用套路解题 ★★

用套路解题的关键：准确理解题意，熟练使用公式。假定停机时间 A 机组是 A 小时，B 机组是 B 小时。两机组运算量关系是：$1=(26-A)\times 1/30+(26-B)\times 1/70$，得出：$50=7\times A+3\times B$。有 26 小时整的要求，匹配出唯一符合的时间是 A=B=5 小时。两机组停机时间加起来是 10 小时。答案：A。

题 2：用思路解题 ★★★

步骤 1，表达指令重点在“理解”。方向：给出的题目。方法：理解题意，识别出解题核心点。研究“求知”，需要找出“两机组停机的时间”。假定 B 机组独立完成运算的时间是 M，两机组同步停机的整数时间是 N。提示：仔细研究“求知”，设定的解题目标准确，解题过程才不会走弯路。

步骤 2，推理指令重点在“选择”。方向：聚焦已知。方法：选择出关联性最强的解题切入点。为了找出关联性，应选完成运算的时间“A 机组 9 小时整”“两机组 9 小时整”作为解题切入点（外因）。

步骤 3，观察指令重点在“分辨”。方向：聚焦切入点。方法：分辨切入点特征建立解题纽带。观察侧重“分辨”，分辨出：A 机组工作效率是 1/9，B 机组是 1/M。“9 小时整”两机组运算量关系是 $1=(9-N)\times 1/9+(9-N)\times 1/M$，得出：$81=N(M+9)$。这是解题纽带。

步骤 4，分析指令重点在“对比”。方向：聚焦纽带。方法：对比、计算或匹配，求出核心点。分析侧重“对比”，面对纽带：$81=N(M+9)$，怎样对比？“耐性＋慎思＋自信”，脑力聚焦纽带延伸至把“81”拆成最小：$81=3\times 3\times 3\times 3$，因为 $N<9$ 并且是整数，$M\neq 0$，以及“81”的尾数是单数“1”，得出唯一性 N=3，从 $3\times 3\times 3=(M+9)$，求出 M=18。这是解题的核心点（内因）。

步骤 5，判断指令重点在“认定”。方向：外因和内因。方法：复核思维过程，确认依据准确。B 机组 18 个小时可以独立完成运算。答案：D。

本题领悟重点：步骤 4，分析环节。初看题目感觉很“无解”，但要有自信，先研究“求知”，准确建立起解题目标，当面对纽带 81=N（M＋9）时，要清晰各个要素（81、N、M）之间的数理属性。提醒：留意如何匹配出“N=3”的思维过程。本组题，考验学员对数理关系的对比能力，如果仅仅成功解一题，“套路”思维重，两题都成功，“思路”纯熟。

团队把解题的“钥匙”隐藏在“对数理关系的认知”里，目的是培养“边解题＋边思考”的能力，很多时候，学员面对问题难以入手，那是因为思路的“通道”与解题的“渠道”接驳不上，当没有办法思考“如何解题”时，也往往会怀疑题目出错，这种现象是小朋友的“自信＋经验”不够。

自信来自用成功告诉自己能够成功。“工多”才能“艺熟”，通过解“难题”培养出解题的“自信＋经验”。思维通道一经打通后，潜移默化也好，移花接木也罢，只要逻辑指令经过久习成性的升华，成为思考问题的思维指令，就能拥有了思维的硬实力。

题外话 《钥匙》团队的期待

逻辑的核心在于逻辑性，逻辑性的重点在于“思考问题有步骤＋这个步骤有方向＋这个方向有方法”。每个人都有自己的思维习惯，不同的思维习惯有不同的思维“步骤＋方向＋方法”。

如果思考同一个问题，思路的思维“步骤＋方向＋方法”差异太大，比如小升初、中考、高考，学生解题的思路与老师出题的思路不能对接，体现出来就是“题目难解”。《钥匙》期待这个项目能够给予有需要的小朋友实质上的启蒙，帮助小朋友建立起“逻辑思路”。加油！

挑战题 顺序的排列 ★★★★

甲、乙、丙、丁、戊五个同学约好在餐馆聚会，丙到达时，有人告诉他：甲没到。戊进来时，戊与丁和另外一个同学打招呼。乙是跟在甲的后面进来的。问：你知道他们五人进入餐馆的顺序吗？

实战题 小玲包馄饨 ★★★★★★

1. 小玲包馄饨和饺子，包装的时候发现馄饨比饺子多 1/3，小玲把馄饨和饺子合起来，以 8 个装一盒，装满 33 个盒子后，发现多出来 2 个馄饨。问：小玲包了多少个馄饨？

A. 131　　B. 145　　C. 152　　D. 160

2. 小玲包馄饨和饺子，包好后，馄饨比饺子多 5 个。如果馄饨和饺子合起来 8 个装一盒，需要 33 个盒子；如果每盒少装 2 个，那么盒子数量会增加 10 个。问：小玲包了多少个馄饨？

A. 131　　B. 145　　C. 152　　D. 160

逻辑让你变得更加聪明。

《钥匙》操练精准“思考＋解决”问题的思维“步骤＋方向＋方法”。

考官出题是有规则的，如果解题思路与出题规则无法对接，解题过程肯定出现曲折。那么这个规则是什么呢？是逻辑规则。《钥匙》每组题都能帮助建立逻辑思维规则。

解题

挑战题

顺序的排列 ★★★★

步骤 1，表达指令：重点在“理解”。方向：题目。方法：通过理解题意，已知条件是互为对等关系，最适合用推理指令识别“对等关系”的关联性，选择出解题“切入点”。

步骤 2，推理指令：重点在“选择”。方向：对等关系。方法：针对已知对等的“条件、现象或行为”，选择出与解题关联性最强的显性或隐性要素作为解题的“切入点”。

本题的（外因）带有前后关联性。

（1）根据“丙到达时，有人告诉他：甲没到”，得出：甲、丙都不是第一，甲在丙后。

（2）根据“戊进来时跟丁和另外一个同学打招呼”，得出：戊排在第三。

（3）根据“乙是跟在甲的后面进来的”，乙也不是第一，得出：第一到达的必然是丁。

根据（1）、（2）、（3）的结论，有：丁第一，戊第三，因为“乙跟在甲的后面进来时”，甲、乙必然是“连续”的关系，得出甲第四，乙第五，自然丙是第二。答案：丁➡丙➡戊➡甲➡乙。

本题领悟重点：推理技巧。本题的核心在于训练小朋友熟练使用“推理指令”。孩子既要有渐进式的思维能力，也要有跨越式的思维能力，更要培养出小朋友善于“寻找＋识别”事物规律的能力。

《钥匙》是首创“操练思路”的一款“工具”，通过 50 组挑战题、实战题，辅助建立“逻辑思维模型”。特点是熟识“逻辑流程”，建立“思维路径”。

无论“挑战题”还是“实战题”，每一题在设计上，都带有针对性的启蒙或者出题意图。团队目的就是“劝学逻辑”，希望《钥匙》，能够帮助学员朋友的思维竞争力得到大幅提升。

提示：综合“识别能力”是逻辑思维能力的核心，如果验证或者希望培养小朋友的综合“识别能力”，塑造“正确之中选准确”的能力，可以扫二维码，获取“逻辑题”。“逻辑题”是《钥匙》团队为了训练强大的综合识别能力，以及“在正确之中选择准确”的精准能力，培养“构建逻辑关系”的写作能力，特别设计的“工具”。

实战题

题 1：用套路解题 ★

用套路解题的关键：准确理解题意，熟练使用公式。包装的时候进盒有：8×33=264 个，因为多出 2 个馄饨，“馄饨 + 饺子”的总数是 266 个。已知馄饨比饺子多出 1/3，代表：馄饨 = 饺子（1 + 1/3），得出的馄饨数量是：4×266/7=152 个。答案：C。

题 2：用思路解题 ★★★★★

步骤 1，表达指令重点在“理解”。方向：给出的题目。方法：理解题意，识别出解题核心点。预设解题核心点是：需要找出“馄饨和饺子的总数”。提示：理解题意十分重要，能够准确识别出解题核心点，就是为成功解题打开了第一扇“窗户”。

步骤 2，推理指令重点在“选择”。方向：聚焦已知。方法：选择出关联性最强的解题切入点。为了找出关联性，识别出“8 个装一盒需要 33 个盒子”“每盒少装 2 个，盒子数量会增加 10 个”包含关联性，是应选的解题切入点（外因）。

步骤 3，观察指令重点在“分辨”。方向：聚焦切入点。方法：分辨切入点特征建立解题纽带。观察侧重“分辨”，脑力聚焦在“分辨切入点的特征”，怎样分辨？脑力顺着切入点向前延伸至：什么情况下才能够满足两种包装方法呢？这样马上分辨出：馄饨和饺子的总数，一定是满足两种包装方法的重叠部分。如果每盒装 8 个，33 个盒子能装 32×8 + 1=257 个至 33×8=264 个；如果每盒装 6 个，43 个盒子能装 42×6 + 1=253 个至 43×6=258 个。分辨出：33 和 43 个盒子都能够装的数量是 257 个或 258 个，这个特征是解题的纽带。

步骤 4，分析指令重点在“对比”。方向：聚焦纽带。方法：对比、计算或匹配，求出核心点。分析侧重“对比”，“馄饨比饺子多 5 个”代表总数是单数，通过对比纽带，得出：馄饨和饺子的总数是 257 个。这是解题的核心点（内因）。

步骤 5，判断指令重点在“认定”。方向：外因和内因。方法：复核思维过程，确认依据准确。再根据“馄饨比饺子多 5 个”，得出馄饨 131 个，饺子 126 个。答案：A。

本题领悟重点：步骤 3，观察环节。本题的解题“钥匙”隐藏在“两种盒子有什么含义”里，如果观察环节没有延伸出：总数是两种包装的“重叠部分”，便无法解题。解题过程中，脑力要锁定在分辨“切入点暗喻了什么关联特征”上。本题训练重点放在观察的“分辨 + 延伸”能力，学员既要有渐进式的思维能力，也要有跨越式的延伸能力，这是想象力和创造力的基础。

恭喜再恭喜，五个阶段的训练完成

花点时间，回顾一下每道题的思维特点及其思维延伸方式。归纳一下自己感受深刻的思维模型，这对形成正确的思维习惯帮助巨大。两个星期后，尝试独立完整地重做这 10 组题，测试自己能够得多少颗★。

善意提醒

《钥匙》团队每一组题目的设计，都在启发某一种思维方式。《钥匙》通过演绎五大逻辑流程，塑造思维习惯，以及强大的思维竞争力，《钥匙》的题目既富有打开思维枢纽的作用，也有丰富题型储备、提升实战备战的作用，建议多回顾，多领悟，多多益善。

编后絮语

既然现在有机会“补脑”，何必将来奔波于“补习”

让思维能力发挥出最大功率

逻辑思路是脑力运动的标准思维路径，虽然不直观，却客观存在。任何人都有自己的思路，希望脑力的思维运动能够发挥出最大功效，自己的思路就要吻合逻辑思路，只有这样，脑力的思维运动才能有“步骤 + 方向 + 方法”，才能无往而不利。

扫帚不到，灰尘不会自己跑掉

《钥匙》设计的题目有难度，是因为：需要具备端正思维习惯的功能；需要具备暴露思维习惯上存在的短板；需要具备启发性，能够开阔思维延伸的空间；需要具备有效提升寻找、构建事物之间逻辑关系的能力。

《钥匙》创作团队劝学逻辑

写字需要一支笔，笔是写字的工具，读书需要有思路，思路是取得好成绩的工具，逻辑思路是思维路径，并非先天形成，培养逻辑思路同样需要有工具。《钥匙》以学习能力作为起跑线，以逻辑思维流程的“步骤 + 指令”作为起跑点，培养逻辑思路。